業界才知道的
「狀況百出」
2

抓狂日記

日常？崩潰再升級！

奈良裕己

by YUUKI NARA
(BOMANGA)

業界才知道的
「狀況百出」
2

印刷業抓狂日

PRINTING BOYS
CAN'T PRINT
TODAY,
NEITHER.

出錯才是日常？崩潰再

前言

我十多年的上班族生涯大半都在印刷公司裡度過。
起初是中小型的印刷公司，
經過多次跳槽才進入大型印刷公司服務。
在這樣的經歷中我遇到過許多「印刷男孩」，
時而被罵，時而被誇獎，時而一同歡笑、落淚，
也曾加班到深夜，甚至通宵達旦趕工印刷。
對我而言，從事印刷工作的「印刷男孩」全是戰友、同志。
正因如此，我開始在網站上連載漫畫時，
心裡總記著「一定不要做成純粹描繪業界日常的漫畫」。
可能是領會到我這樣的心思吧?
打從連載開始便獲得許多不分業內業外朋友的回響。
此次並得以推出這本續集。

近來印刷業幾乎沒有什麼令人高興的消息。
社會的智慧化、數位化，
使得今後愈來愈趨向無紙化，
甚至有人預言印刷業在不久的將來會消失。
不過我卻聽說，有對就讀小學的兄妹
很愛看《印刷業崩潰日記》（光是這點就令人讚嘆！），
對漫畫中的人物、印刷技術和運作方式很感興趣。
我還是覺得印刷很有趣！
而為此奮不顧身的「印刷男孩們」同樣很有魅力！
此外，據說那對兄妹當被問到
「不如將來就從事印刷相關工作？」時如此回答：
「不要，刷元先生一直在求神明保佑他加薪，
所以（薪水）應該很低吧……」
居然看得這麼仔細，從某個角度來說，很適合印刷公司！
現在就請各位慢慢欣賞——《印刷業抓狂日記》！

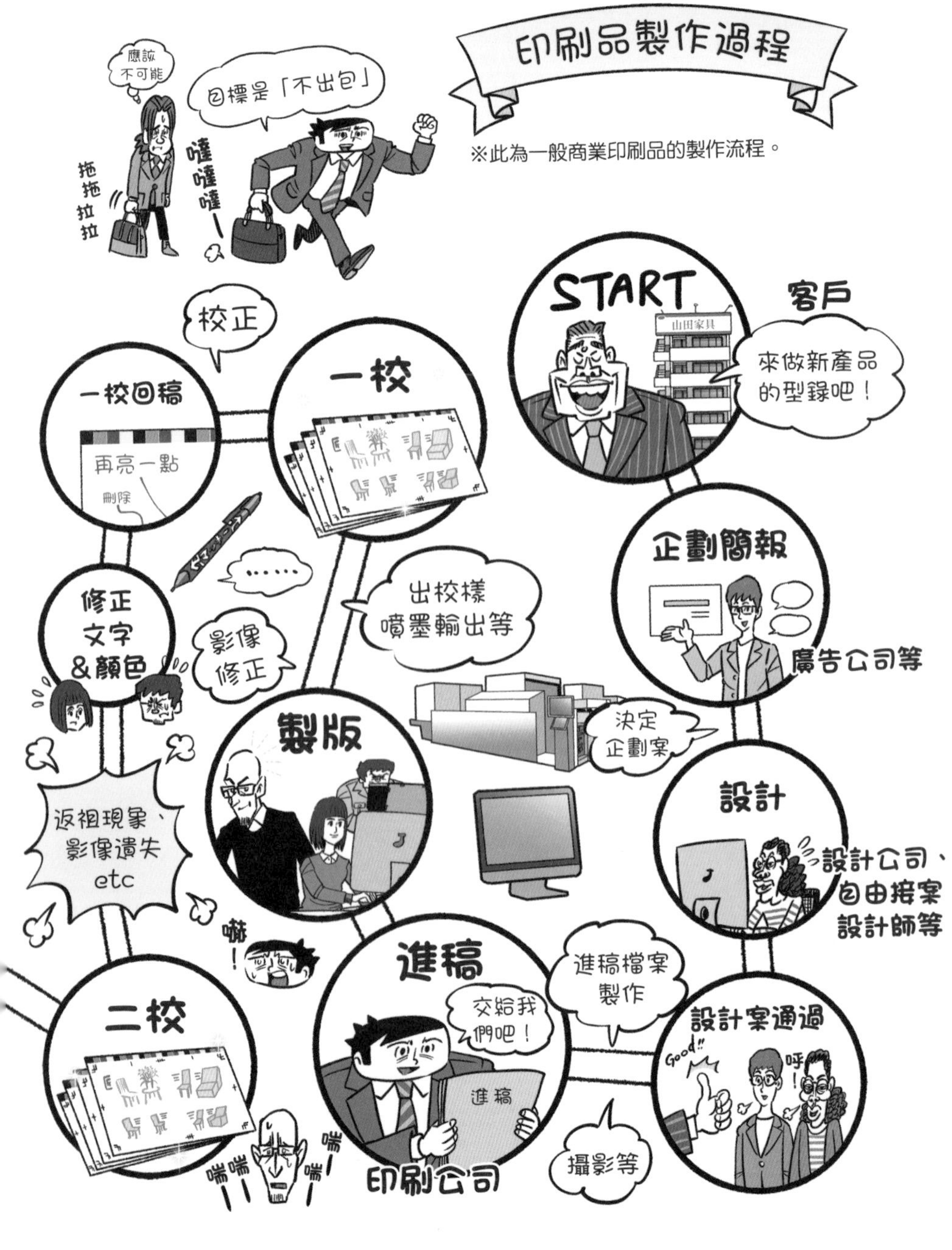

印刷品製作過程
※此為一般商業印刷品的製作流程。
應該不可能
目標是「不出包」
拖拖拉拉
噠噠噠—
START
客戶
山田家具
來做新產品的型錄吧！
企劃簡報
廣告公司等
決定企劃案
設計
設計公司、自由接案設計師等
設計案通過
Good!!
呼！
進稿檔案製作
攝影等
進稿
交給我們吧！
進稿
印刷公司
嚇！
製版
出校樣噴墨輸出等
一校
校正
一校回稿
再亮一點
刪除
……
修正文字&顏色
影像修正
返祖現象、影像遺失etc
二校
喘喘
喘！
喘！

全數檢驗
預印
重印
裝訂、加工
印刷
曬版
不能下版～
出樣
下版
咻－
GOAL
交貨
噗噗噗……
追訂
（追加修改）
喂！
動作快！
責畢、校畢
太好了！
但是
偶爾會……
又是
他們！
接到客訴！
傻眼
二校回稿
不夠銳利
替換
刪除
留空
三校
嘎
嘎
四校
修正
文字
&顏色
無底泥淖
回稿
回稿
五校
抖抖抖抖
等～
沉沒…
前往責畢……

印刷業抓狂日記 目次

PRINTING BOYS

前言 002

印刷品製作過程 004

序章
印刷男孩 連死都不怕…… 009

人物簡介 014

〈欄外單元〉
●印刷小知識
●印刷經驗談
●印刷川柳※

※一種日本傳統的詩歌形式。本書因翻譯通順考量，並未按照川柳應有的字數格式，敬請見諒。

「我們是印刷的專家！」
被傳奇人物斥責後
新人直接回家了…… 017

人也得「版本升級」?!
以拉最新版必須查驗！ 021

沒有字型所以要轉外框！
別把我「替換成」那傢伙！ 025

「合版印刷」印製傳單更有效率
用口訣背下所有紙張的尺寸 029

四格漫畫●新人 033

四格漫畫●歧視女性? 034

藍天的色澤只存在於女皇的腦中?!
為符合超抽象的色調出到五校！ 035

傳奇倒下，緊急事態發生！
流浪PD登場！ 039

虎父無犬子，技藝傳人語出驚人
沒色彩樣本要怎麼印?! 043

連客戶的部落格都記得……
可在腦中轉換CMYK的色彩辨識能力 047

客戶到場看印使人戰戰兢兢……
接待室竟掛著對手公司的海報！ 051

吹風機一吹就不見的「紅浮」現象
光源、照明會影響我們看到的顏色！ 055

四格漫畫　別太高興 061

四格漫畫●新世代 062

校正的紅字原封不動地印出來……
「誤植和重印又不會要人命！」 063

去書店查看裝訂的種類?!
「觀音摺」摺不成的原因出在3mm 067

無線膠裝的兩大恐怖意外
「預留裝訂邊」和「跨頁圖重疊」的大失算！ 071

不論好壞業界的必勝台詞
「印刷品就像生物一樣！」 075

四格漫畫●志工 079

四格漫畫　敏感 080

未上「凡尼斯」而傷痕累累……
對傲慢編輯超禮遇的印刷業務處世能力 081

趕工修正手寫字宛如煉獄……
「下版是為了等待作品出版的讀者！」 085

「放標題放標題放標題」
這份印件是本尊，不是假的替身…… 089

別人的失誤也無法置身事外
在書店買下瑕疵書的印刷男孩 093

對策是針孔線還是絲巾?!
「皺紋」總是從「喉部」來襲 097

四格漫畫●純白 101

四格漫畫●雪 102

一個噴嚏就讓文字變身?!
因為不可思議的
轉外框檔咬牙重印 103

沒有合規觀念的類比時代
大白天的又是「脫衣舞」又是「淫行」 107

總數兩萬家中50人以下占9成以上！
靠「同業外包」苟延殘喘的中小型印刷公司 111

看名片上部門名稱的長度就一目了然?!
大企業與承包商的階級關係緊張 115

震災、數位化浪潮、燃料價格高漲……
紙張不足和價格上漲扼殺印刷業發展 119

觸怒女皇的噴墨！
大企業與中小企業的印刷「品質對決」 123

四格漫畫 電力耗盡 127

四格漫畫● 心怦怦跳 128

那小子知道這是生死關頭
紙張被對手全部買下，萬事休矣?! 129

刮起神風，紙張接連送到！
全國中小印刷公司伸出援手 133

油墨太厚造成疊印不良……
傳奇靈光一閃想到的解決密計！ 137

雙方高層也到場關注的「印刷品質對決」
室內氣氛一轉，有如置身森林?! 141

4色變5色！紙張還散發香氣……
昔日戰友的兩位社長重拾友誼 145

四格漫畫●黃金週的計畫 149

四格漫畫●令和元年 150

終章
於是，不死鳥的印刷男孩
將三度展翅高飛！ 151

後記 156

清爽的早晨。
肩負著日本經濟重任的職場人正前往各自的公司上班。
沙 沙 沙
當中假使有人逆人群而行，朝相反方向前進，
ザッ ザッ ザッ ザッ
※沙
那八成是熬夜進行下版作業，好不容易才踏上歸途的……
印刷公司員工……他們是印刷男孩。
總算可以回家了～
好累……
登登登登——

我回來了～
印刷男孩
就算早上才回家，
家人也絲毫不疑有他。
你回來啦～
把拔，又是
下「榜」嗎？
回來啦。
不是……，
是下版前一刻
才猛追訂……
好了啦！
你跟美羽說這些
她又聽不懂！
連我都不懂了。
那我去睡一下，
今天就下午
再進公司。
印刷男孩
片刻的休息。

PRINTING BOYS

可是幾分鐘之後。
滋滋——
埼玉工廠
您好，我是刷元。
快要睡著了說……
刷元！這種原稿沒辦法印啦！
印刷男孩被印刷男孩咆哮。
還沒中午耶
欸？你要出門了？這樣根本沒睡嘛！
沒事吧？
嗯…沒事，工廠那邊有事找我……待會兒得直奔埼玉印刷廠才行……
那我出門了。
今天會早一點回家～
把拔，下次再來喔。
噗！應該說「路上小心」!!
這是天底下的父親出門時最不希望聽到孩子說的一句話。

那天晚上。
我回來了！
回來啦，好晚喔。美羽已經睡了。
對不起～
嗯，校畢檔案裡沒有圖片，真是傷腦筋！
後來拿到圖片仔細一看，不但沒有出血，正文還是四色黑……
唉喲我完全聽不懂啦！
印刷男孩非常愛聊工作上遇到的烏龍事。
終於可以睡覺……
CMYK
啪噠
啪噠
就這樣，漫長的一天結束了……
印刷男孩通常不會一覺到天亮。

※滋

人物簡介

那美印刷 業務部

真紫敦史

業務部新人。筆記狂。話不多，但提問時常切中要害，語驚四座。

黃瀨耕作

業務部部長。那美印刷「工作方式改革、經費縮減」的前鋒。

安藤仁男

刷元的上司。業務部課長。興趣是練肌肉，擁有健美的身材，但也被每天不時發生的印刷意外搞得有點筋疲力竭。

沖田功人

刷元的後輩。業務部年輕員工。非常討厭加班和麻煩的工作。

刷元 正

主角。那美印刷業務部員工。非常喜愛印刷品，對工作全力以赴。但每天都要為不同的印刷意外苦惱。他「不好的預感」通常會成真。

那美印刷 製版部

灰島亮太

製版部修圖負責人。擁有「修圖魔術師」稱號的實力。個性有點怪異，感覺不太好相處，但其實是個值得信任的人。

墨賀晴信

製版部進度管理人。閃亮亮的光頭是他的註冊商標。只要頭頂發光就會有事發生。會使用奧義絕招「交叉法」。

藍川 凜

製版部DTP作業員。粗心大意常犯錯，但對工作的熱忱也時常感動身邊的人。

那美印刷 社長、總務

綠林真澄

那美印刷總務、財務部部長。掌握那美印刷財務大權的幹練人物。不允許經費有絲毫浪費的態度令業務部員工人人畏懼。

那美丁介

那美印刷公司的董事長兼社長。為人大器、溫厚，受到員工們的敬重。

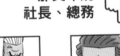

那美印刷廠

青島 丈

那美印刷廠員工。十分崇拜赤羽的年輕印刷技術員，負責帶新人黑岡。

黑岡 誠

那美印刷廠員工。感覺不太有幹勁的新進印刷技術員。

五味隆史

那美印刷廠廠長。性格溫厚，但他說的話對傳奇技師赤羽極具分量，是鎮廠之寶。

赤羽秀太郎

埼玉縣那美印刷廠員工。是刷元等業務員最害怕的傳奇技師。

公司外

吳間矢那男

志美亞出版社的書籍編輯。脾氣相當古怪，許多印刷公司業務都吃過他的苦頭。口頭禪是「給哪一家印都一樣吧」，是個討人厭的傢伙。

GOKO

時裝設計大師。具有強烈的專業意識，對人對己都很嚴格（尤其是對人……），但也會尊敬自己認為值得尊敬的人。

月野光介

大型廣告公司「電學堂」的美術指導。好學生型人物。與刷元是老交情，彼此互相信任。

赤羽 匠

前那美印刷廠員工，改行當自由PD（印刷指導）。走遍全國各地的印刷公司，別號「流浪PD」。是擁有罕見色彩辨識能力的強者。

大手賀勝男

帝王印刷業務部員工。深信帝王印刷所有方面都是第一。完全看不起中小企業，尤其是刷元等人所在的那美印刷更是被他視為眼中釘。

壇 金太

帝王印刷公司的董事長兼社長。統領日本最大印刷公司的豪傑。與那美丁介和綠林真澄是舊識。

高桐仁之助

「時髦設計」公司的設計師。是個丑角型人物。

印刷小知識

朝鮮半島上的民族要比德國的谷騰堡（P18）更早使用金屬活字印刷！谷騰堡是在十五世紀中葉發明活字印刷，但是1377年高麗時代的印刷機現今還存在。當時印刷技術發達，為學習佛法印刷出版多本佛經。中國和日本也是如此，東亞無疑是「印刷男孩的國度」。

某天早晨，刷元接到電話，說原本預計中午前送出的預印會延遲。
這樣啊……
好，我知道了。
那美印刷公司 業務 沖田功人
那美印刷公司 業務 刷元 正
印刷那邊不太順，好像會稍微壓後……
得聯絡客戶更改時間……
說要改今天傍晚送。
又來了！最近常常這樣！
嘰
3 MARCH 20XX
12
AM10:00 手冊預印 傍晚
13
AM10:00 傳單預印 下午送
14
9:00 開會
11:00 回稿
13:00 電學 月野
15
AM11:00 手冊預印 傍晚
16
17
的確……

同一時間，在工廠
混帳東西!!
不想幹就趕快滾！
那美印刷

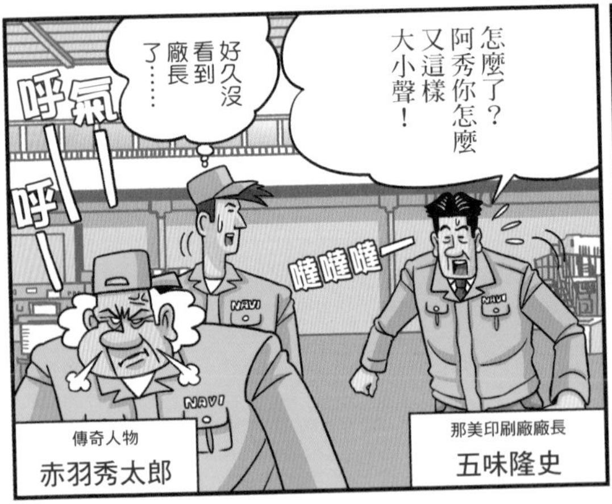
怎麼了？阿秀你怎麼又這樣大小聲！
好久沒看到廠長了……
呼氣—
呼—
嗟嗟嗟—
NAVI
那美印刷廠廠長
五味隆史
傳奇人物
赤羽秀太郎

橡膠都堆墨了，這小子竟然不清洗繼續印。
……
我只是提醒他而已！
NAVI

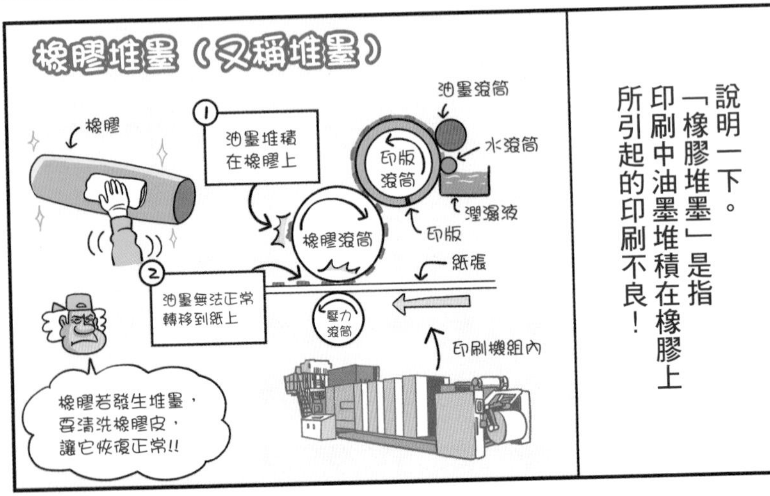
說明一下。「橡膠堆墨」是指印刷中油墨堆積在橡膠上所引起的印刷不良！
橡膠堆墨（又稱堆墨）
橡膠
①
油墨堆積在橡膠上
油墨滾筒
水滾筒
印版滾筒
潤濕液
印版
橡膠滾筒
紙張
②
油墨無法正常轉移到紙上
壓力滾筒
印刷機組內
橡膠若發生堆墨，要清洗橡膠皮，讓它恢復正常!!

印刷小知識

十五世紀西方第一位實際應用活字印刷術的是德國的谷騰堡。他率先使用機械來印刷。並突破時代的限制，用鉛鑄造活字組版印刷。充分利用鉛的特性，使「活字」的量產成為可能。順帶說一下，當時的日本正值室町時代。

印刷小知識

平版印刷的原點是石版印刷。兩百多年以前，德國劇作家塞尼菲爾德想要洗掉石灰岩板上用油性蠟筆書寫的紀錄，但怎麼刷洗依然留有字跡，因而發明用石灰岩製版的印刷方式。平版印刷的創始人竟是劇作家！

好啦好啦，他才來第一年，用不著這麼凶……現在跟我們那年代不一樣，要用適合現代年輕人的教法……
……
……
我幹嘛得費心顧慮無法獨當一面的臭小子！
印刷技術員
青島 丈
印刷技術員
黑岡 誠
而且……
咚！
我們是印刷的專家！不管來幾年都不許做事隨隨便便！
阿秀呀。
扭頭
氣—
氣—
感動
師……師傅~~~~

讓年輕後輩傳承你的驕傲和技術也是為了公司好！
唔……
所以才要好好地培育年輕人！用符合這時代的教法……好嗎？阿秀！
嘖！好啦！
喂！剛才說話不客氣，不好意……
欸？人呢？
消失
回……回去了，他說不想幹了。
!!
啊？
馬上把他抓回來！我要揍他一頓！
阿秀！那樣不行啦！
是……是！

肩負那美印刷未來的男人!!

印刷川柳

比起「你的名字。」我更想知道 紙的名字

（shin）

印刷小知識

造紙技術大約在（西元）100年時經過中國改良，七世紀時經由朝鮮半島傳進日本。傳到歐洲的時間遠在那之後，是十二世紀以後的事。在那之前人們使用的是用動物的皮加工做成的羊皮紙，開始能製造價格低廉的紙張後，印刷術便急速傳播開來。

哈啾～～～！
春天了，沖田不知是不是因為花粉症的關係，感覺比平時更加提不起勁。
……
吸吸～
吸吸吸～
吸吸～
啊～好想回家～
原稿
沖田，你就要當人家的前輩了，得振作一點才行！
啊?! 這話是什麼意思？
欸？你沒聽說嗎？今年會有新人進業務部喔！沖田就快升格做前輩了！
！
我…我是前輩……
沖田前輩 請和我們一起下版!!
原稿
哇嗚～～

印刷經驗談

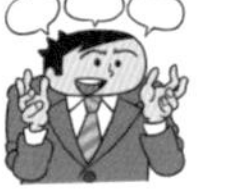

以前我在印刷公司擔任平面設計師時，有一次和男朋友約會。男友也是同行，但不同公司。我：「天空好美喔！我猜是C＝60、M＝30？」男友：「哎呀，好歹放假日就把公事拋一邊吧（悲）」我：「嗯（笑）。」假如男友是RGB的人一定聽不懂。好在他是CMYK的人！（投稿者：CMYK love）

刷元前輩！我……我要版本升級!!
嗚噗—！
喔～，幹勁啟動!!
咚
咚
噠
刷元在嗎?!
製版部
墨賀晴信
!!
發光了！意思是有麻煩了！
2F製版部
小凜♥
……
這是剛才進稿的檔案……
DTP作業員
藍川凜
是用以拉※最新版做的！
咚！

※Adobe系統繪圖軟體「Illustrator」的簡稱。

印刷小知識

在印刷方面，木版被認為在森林資源眾多的日本很發達，而擅長金屬加工的西方國家則盛行銅版印刷。印刷技術也會隨著國家和地域的情況而異呢。這樣看來，四百多年以前就使用銅鑄活字印刷的德川家康（P35），果然不簡單啊！

啊？最新的比較好不是嗎……？
我來解釋一下……Adobe Illustrator等的軟體剛推出升級版時，一旦使用最新版本製作檔案進稿，印刷公司在製版上有時會發生一些狀況。
Adobe CC※
Creative Cloud
版本升級
Ai
Ps
Id
Illustrator
Photoshop
InDesign
製作
用最新版本做!!
Adobe CC 對桌上出版來說不可或缺。
嚇~
製版
進稿
問題發生!!
因此印刷公司在版本升級後一定要查驗是否有問題！
版本更新了並不是馬上用就好！
尤其是印刷……
欸~~是喔~。
墨賀先生，還沒查驗完畢嗎？
可能會有問題嗎？
畢竟最新版是幾天前才出的……
沒那麼快…
幾天前……
……

※Adobe Creative Cloud（Adobe CC）。即Adobe系統的套裝軟體雲端服務。

浮現～
為…為什麼會用剛發行的版本進稿……。我記得設計師好像是……
嗯？
時髦設計 設計師 高桐仁之助
總之先聯絡設計師。
好！
……
幾天後
哈啾！
業務部部長 黃瀨耕作
啊～好想回家～不想工作～
搖晃～
擋不下去了～花粉真可怕～
沖田，你不是要拿出幹勁……
不，就算我版本升級了，刷元前輩也還沒辦法應付不是嗎？
!!
登楞
沖田！你要不斷地升級!!
哈～～啾！
不知道新人是怎樣的女生……
不對呀，我又沒說是女生……

印刷川柳

把「明朝」讀作「Mincho」的職業病

（noshin）

※明朝指的是字體名稱。

印刷小知識

世界上現存最古老的印刷品竟在日本！就是奈良時代的女帝稱德天皇為弔祭在內亂中戰死的人們，刻印佛教經文藏入一百萬座小塔中供奉在佛寺的「百萬塔陀羅尼」。為世界最古老、一千三百年前的一百萬本！身為日本的印刷男孩會覺得很驕傲！

4月中旬，結束培訓的新進員工暫時被分派到那美印刷的業務部。
所以他現在是我們課的OJT※，刷元，你要多多指導人家！
好的！
我是真紫，請多多指教。
那美印刷 業務部 新人
真紫敦史
刷元前輩！這不是男的嗎！到底怎麼回事！跟我的角色完全重疊了啊！
窸窸
啊……我沒說過會是女性啊！何況根本沒有什麼角色重疊啊……。
窸窣
嗯？怎麼了？
呃……沒事！真紫你好！
我是刷元
還請您多多指教。
哼！
業務部 課長
安藤仁男

※On the Job Training的簡稱。即在工作現場實際工作的教育手法。

這樣吧，下午的責畢回稿就跟我一起去吧！
還可以交換名片
責畢？
連這個都不知道?!責畢的意思就是啊……
……
快步上前—
首先，進稿之後會出校樣！然後……
嗒！你看!!
好……
呵呵呵，說來說去，沖田其實滿會照顧人的嘛！……不過那是我的筆記。
NOTE BOOK
刷元筆記
NOTEBOOK
營業部 刷元正
那天傍晚，刷元等人被找去製版部。
嘎—嘎—
刷元！剛才責畢回來的檔案字型跑掉了喔！
閃亮
轉頭
什麼?!

印刷川柳

黑色企業？ 不不不，敝公司是 墨色企業

（Yuna）

※日本的印刷術語中，墨（sumi）代表黑色的意思。

印刷小知識

「百萬塔陀羅尼」（P25）目前被保存在法隆寺等地方。由於《續日本紀》中有提到，因此世界上也認定其為「世界上現存最古老的印刷品」。既然有憑有據，我們就更多多向世人炫耀吧！另外，一般推測其採用的是木版或銅版的凸版印刷。

咦？怎麼會這樣？
字型跑掉了？？
是因為沒有轉外框嗎？
脫口
咦?!
嗯？怎麼？你知道嗎？
……
一校和二校都確實有轉外框，會不會是單純的失誤……？
我來解釋一下。「轉外框」的意思是將字型（文字）轉為圖形！即使別台電腦沒有該字型，透過轉外框可以讓那台電腦也正確地顯示檔案！
設計師的電腦
印刷公司製版部的電腦
字型
字型跑掉了！
轉外框!!
文字曲線
OK
由於被轉為圖形，沒有字型也沒關係!!
沒有字型時不是換成其他字型，就是要拿到轉外框的檔案！
這樣啊——
不過，一旦轉外框就沒辦法做文字修正。

這個好像是高桐先生做的？我馬上聯絡他，跟他拿轉外框的檔案！
好！
對……對了，真紫……你以前就知道轉外框？
驚
啊、是的，我基於興趣經常使用以拉之類的。
喔～！這個新人有前途！沖田也不能再迷迷糊糊啦！哈哈哈！
哇～原來真紫先生會用以拉！
小凜！
噠噠噠
沖田
真紫
來，進稿
辛苦了！
進稿
辛苦了！
被替換了？！
哇啊啊啊！
是用Mac？
嗯，對……我是用iMac。
抖～
小凜！我已經轉外框了，別把我換掉啊～！
？
承蒙您的關照，我是那美印刷的刷元，請找高桐先生……
太吵了喔～
哈哈哈！沖田講的話沒人聽得懂，像亂碼一樣～
咦？早退？！手機也打不通？！
氣——氣——

印刷小知識

日本最古老的印刷現場在哪裡呢？答案是「佛寺」。日本印刷術的發展與佛教關係密切。尤其是自鎌倉時代起，佛寺印製了許多僧侶必不可少的佛經。原來長年來和尚一直在寺院中「下版」！說不定也有像墨賀先生那樣頭頂光溜溜、使用交差法的和尚呢！

印刷小知識

谷騰堡（P18）的年代日本正值室町時代。那時候日本沒有印刷術嗎？並不是這樣喔！當時中國地方周防（日本古國名，即現今山口縣東南部）的大名大內氏已有印書出版，俗稱「大內版」！日本也是印刷大國！戰國武將中也有印刷男孩呢！

你夠了！趕快買回來！
噠噠噠噠
遵命！我馬上去～！
印刷公司員工對紙張的尺寸很敏感。
隔天。
那B4呢？
三六四、二五七（364×257㎜）。
A3。
四二零、二九七（420×297㎜）。
答對……
那……那菊全開呢？
六三六、九三九（636×939㎜）。
嗯～～那四六版呢？
七八八、一零九一（788×1091㎜）。
咚——！
好強
答…答對了……
哇～真紫，你記得所有紙張和原紙的尺寸？
啊、是的，我趁假日全背下來了。

印刷經驗談

做純種馬特輯的宣傳冊子時，女性的負責人以公馬的●●太大為由指示要「刪掉」！我代表雄性堅決抗命：「這麼殘忍的事我做不到！」結果收到「縮小80％」這種更羞辱人的指令。（投稿者：RKTR11）

※這裡介紹的原紙尺寸除A、B系列為國際標準尺寸，菊版、四六版、哈特龍（Patronenpapier）版均是日系標準。台灣雖然沿用日治時代留下來的菊版、四六版規格，但尺寸略有差異。

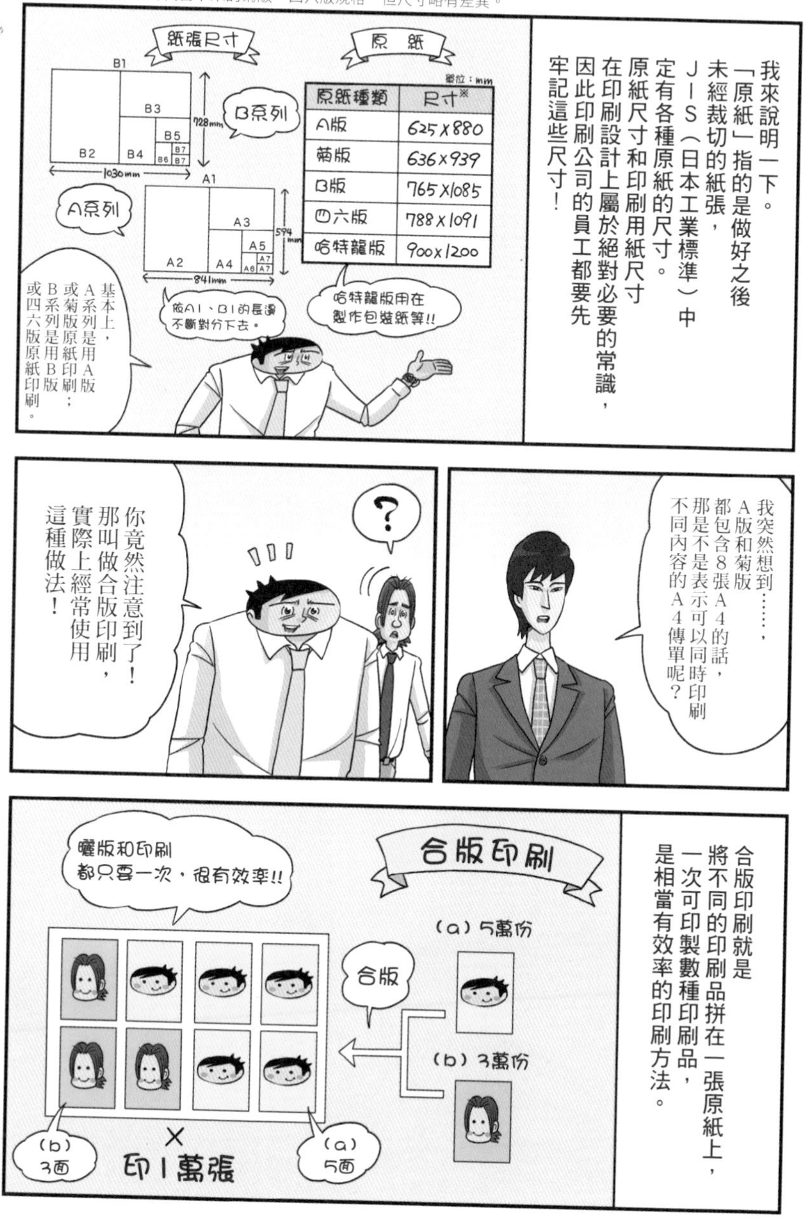
我來說明一下。
「原紙」指的是做好之後未經裁切的紙張，
JIS（日本工業標準）中定有各種原紙的尺寸。
原紙尺寸和印刷用紙尺寸在印刷設計上屬於絕對必要的常識，
因此印刷公司的員工都要先牢記這些尺寸！
紙張尺寸
B1
B3
B5
B2
B4
B6
B7
728mm
1030mm
B系列
A1
A3
A5
A2
A4
A6
A7
594mm
841mm
A系列
原紙
單位：mm
原紙種類	尺寸※
A版	625×880
菊版	636×939
B版	765×1085
四六版	788×1091
哈特龍版	900×1200
基本上，A系列是用A版或菊版原紙印刷；B系列是用B版或四六版原紙印刷。
依A1、B1的長邊不斷對分下去。
哈特龍版用在製作包裝紙等!!
我突然想到……，A版和菊版都包含8張A4的話，那是不是表示可以同時印刷不同內容的A4傳單呢？
?
你竟然注意到了！那叫做合版印刷，實際上經常使用這種做法！
合版印刷將不同的印刷品拼在一張原紙上，一次可印製數種印刷品，是相當有效率的印刷方法。
合版印刷
曬版和印刷都只要一次，很有效率!!
(a) 5萬份
合版
(b) 3萬份
(b) 3面
×
印1萬張
(a) 5面

印刷小知識

「折頁線裝」是室町時代從中國傳入日本的裝訂法。不同於那之前的卷軸、折本等主流裝幀方式，會將印刷頁面（一張一張）分開，使作業效率大幅提升！不知道室町時代的印刷男孩是不是也常接到「喂！要追加修改，不能下版！」的通知啊？

欸～，那叫做合版印刷呀……。
那確實很方便呢～
……
啊！
呃，不是啦！沒錯沒錯，就是合版印刷！真紫老弟真厲害，注意到了！哈哈哈哈哈……
幹得好～
原來沖田不知道啊……。
真紫老弟……
是……
你很有前途喔，真紫老弟！
滋 滋 滋
嗯？是月野先生。
您好，我是刷元，辛苦了！
真紫老弟……後生可畏……
好！我了解了。那麼明天下午……
匡隆 匡隆 匡隆
來自電學堂月野的這通來電，使刷元等人的日子迎向急劇的變動……
得背下原紙尺寸才行呀!!
……

印刷川柳

朋友 誤把三校 當母校

（Sasasasasa）

※搞錯「三」的日文讀音而發生的錯誤。

新人

嘟嚕嚕嚕嚕
嘟嚕
嚕嚕
嚕嚕
嚕嚕
新人真紫
嘟嚕嚕嚕嚕
嘟嚕嚕嚕嚕嚕
……
真紫！抱歉，可以幫我接個電話嗎？
好的。
見本
咦——？
拿反了啊！
接起
喂？
第一次使用室內電話！

歧視女性？

醫學部的入學考弊案真是惡劣欸～
用手機看新聞中
努力用功的女學生好可憐喔！
驚！
刷元前輩！我們公司很少女性員工該不會也是……
……
沖田啊
不是喔……我們純粹只是不受女生歡迎罷了……
我想也是……

電學堂總公司
G……GOKO，您說的是那位時裝設計師GOKO小姐嗎？
真假?!
沒錯！我們確定要製作GOKO小姐設計的新包款宣傳冊，有勞那美印刷承接印務……
GOKO是時下最受歡迎，氣勢如日中天的時裝設計師。
GOKO
這可了不得了！刷元前輩！
可是，GOKO小姐這人……自律甚嚴，對人對己都是出了名的嚴厲……
訝異！
呃……您可真清楚……
電學堂公司
月野光介
我聽說曾經有一次印製型錄時，她讓人用4噸的卡車運送一大堆實物到印刷廠作為色彩樣本……
4……4噸?!
這……認真嗎……
是的……那次就是由我負責……
噗噗噗…
版印刷
GOKO

印刷小知識

德川家康曾命人用銅鑄造多達十萬個活字。其中一部分留傳至今，即被指定為重要文化財的「駿河版銅活字」。由於未留下具體鑄造方法的紀錄和鑄模等，尚有許多未解之謎，據推測很可能是利用當時鑄造銅錢的技法。原來德川家康也是印刷男孩！

我來解釋一下……「實物樣本」指的是色彩校正要求特別嚴苛時，提供給印刷廠作為色彩調整樣本的商品等實物（一般來說製版時就要提供）。
很難調到一樣耶
要不要再加一點M？
不過，透過印刷要百分之百來表現的印刷CMYK※四色再現實際商品的顏色非常困難！
哎……哎呀，貴公司有修圖魔術師，還有印刷奇人！沒問題的啦！
啊……喔……
對……對呀！刷元前輩就是愛操心！
搔
搔
然而，出色校樣那天。
不——對——！
GOKO
不是這種顏色！
SUMMER
咚——
GOKO
時裝設計大師
好……好的，我會註明，請他們製版時校正影像。那要怎麼修呢……？
GOKO
氣噗噗
影像校正完成
瞪
紅筆給我！我來寫！
好……好的……

印刷川柳

因為色彩調整　模特兒　個個美白肌

（Rossa）

※C＝Cyan（青）、M＝Magenta（洋紅）、Y＝Yellow（黃）、K＝Black（黑）。

印刷小知識

德川家康命人鑄造的日本最早的銅活字（P35）所印製出的《群書治要》，具有極高的歷史價值，但正文中的「林」字竟然誤植，印成上下顛倒！只有一個字上下顛倒即證明它是用活字組版印刷而成，不是木版印刷。不知道當時負責印刷的人有沒有遭到處罰？令人擔心……。

那美印刷
那美印刷公司
這就是你拿回來的紅字？有夠抽象……
啪
SUMMER
改成仲夏的藍天 GOKO!!
對不起……無論如何萬事拜託了。
就這樣，那美印刷和GOKO之間展開角力！
嗚～～
碎念 碎念
她說的仲夏藍天一定是把對比度……
二校
完全不行！要更多一點那種會讓小鳥想展翅高飛的藍天！
啪！
改成小鳥會想展翅高飛的
三校
嗯～不對……我要的是讓人會想躺在草原上一直眺望的那種天空！
好……好的……
又和之前說的不一樣……
躺在草原
四校
太暗！
怒！
眼鏡…太陽眼鏡……
於是到了五校……
GOKO小姐，今天再不責畢的話會來不及交貨……
逼出
今天要下版!!
受到月野的請託，刷元也一起去。
GOKO新作包款 SUMMER型錄冊 內有五校
你這樣跟我說也沒辦法啊，還不是因為你們不好好做……
嗯？
哎唷！這次就改得挺好的不是嗎！
啪沙

不過還是有一點不太對……其餘的印刷時再調到一樣就行了！
有實物樣本嗎?!
驚！
驚！
調成和我腦中的藍天一樣！
叩叩
色彩樣本在這人的腦子裡?!
傻眼
沒問題吧?
相當不樂觀……
咕嘟
這麼一來只好全靠赤羽先生了……。
同一時間，在那美印刷廠
赤羽先生，麻煩您檢查……
嘎啦——
匡隆隆隆
預印……
驚
赤…赤羽先生?!
……
匡隆隆隆隆——
救…救護車～～!!
奔

印刷經驗談

接受家庭餐廳「COCOX」訂製新店開幕用品，然後安排司機送貨，不料送貨司機不認得那家新店鋪，竟把貨送到咖哩店的「COCOX」。（投稿者：napori）

印刷小知識

古代中國和朝鮮的官制有「文官」、「武官」之分，印刷歸「文官」負責。然而在日本，「武士」也要管印刷。或許就是因為這樣才會出現像「幕府」那樣由武士當政的時代。說不定沒有印刷的話，「德川幕府」就不會存在！

埼玉印刷廠的傳奇人物赤羽發生異狀的消息立刻傳到總公司。
真假……
……
啪！
咦——?! 赤羽先生昏倒了?!
唔嗯……據五味廠長說，人雖然已經清醒，但得經過檢查才知道詳細情況如何，所以已經辦理住院。
那人竟然會倒下……
這樣啊……真令人擔心……
因為這緣故，可能會對目前進行中的工作造成若干影響……要比以往更加謹慎小心。
轟隆隆隆——
好的
啊!!
印刷要確實調到一致喔！
瞪
怎……怎麼辦！後天就要印GOKO的手冊，不論如何先找廠長商量看看吧。
さっ
※拿出

那美印刷
埼玉印刷廠
原來如此……
唧
現在阿秀不在，情況可能不樂觀……
是啊……我是有請GOKO小姐來看印，但她自有一套專家論……
消沉
我的專業是時尚，而你們的專業是印刷，對吧！印刷是你們的地盤！所以我不會到場看印！你們可要好好印喔！
唔～……刷元啊，這麼一來，只好把那小子找來……
咦?!
咕嘟
那個流浪PD！
NAVI

印刷川柳

一直在意　街上錯字的　初次約會

（信濃之國55555）

印刷小知識

江戶時代的木版印刷錦繪（浮世繪）是由畫師、雕刻師、刷版師三位一體分工合作製成。如果是現代，應該可以替換成創作者、製版師傅、印刷師傅。此外，當時的出版商同時具備印刷公司、出版社和書店的功能。北齋和廣重（皆為浮世繪名家）如果只是個人單打獨鬥，不會有名作流傳於世！

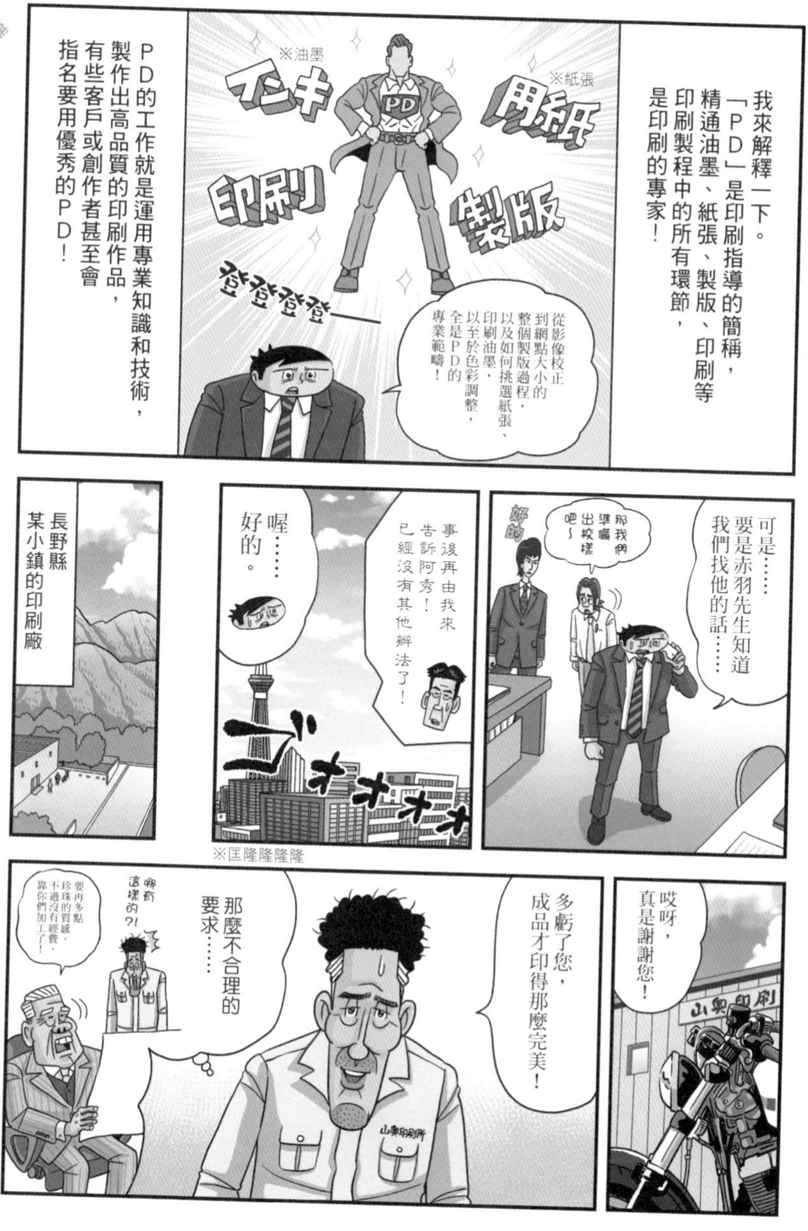
我來解釋一下。「PD」是印刷指導的簡稱，精通油墨、紙張、製版、印刷等印刷製程中的所有環節，是印刷的專家！
用紙
※紙張
インキ
※油墨
PD
製版
印刷
從影像校正到網點大小的整個製版過程，以及如何挑選紙張、印刷油墨，以至於色彩調整，全是PD的專業範疇！
登登登登——
PD的工作就是運用專業知識和技術，製作出高品質的印刷作品，有些客戶或創作者甚至會指名要用優秀的PD！
可是……要是赤羽先生知道我們找他的話……
那我們準備出校樣吧～
好的
事後再由我來告訴阿秀！已經沒有其他辦法了！
喔……好的。
ゴオオオオ
※匡隆隆隆隆
長野縣某小鎮的印刷廠
哎呀，真是謝謝您！
山奥印刷
多虧了您，成品才印得那麼完美！
那麼不合理的要求……
哪有這樣的?!
要再多點珍珠的質感，不過沒有經費，靠你們加工了！
山奥印刷所

請在月底前將酬勞匯入帳戶。
叭！
好的。
咚隆隆隆
八成很貴吧～～
再來要去哪裡呢？
隆 隆 隆 隆隆隆隆
……
ドドッ
ドドド
※隆隆隆隆隆隆隆隆
有人找我……
去埼玉……
隆 隆 隆 隆 隆 隆 隆隆
CMYK
自由PD
（俗稱流浪PD）
赤羽 匠

那個人也是很可怕啊……
唉——

印刷川柳

三更半夜 螢幕上來電顯示「曬版部」

（奈良裕己）

印刷小知識

浮世繪的木版也有「十字規矩線」。各個版上都有稱作「標尺」的刻痕，對齊那刻痕刷上各種顏色。現在套四色就已經很吃力了，浮世繪有時刷到八色之多，且套色分毫不差，以前的刷版師誠然是一群傳奇人物。

欸？是赤羽先生的兒子?!
一驚
嗯……匠先生原本也是那美印刷的印刷技術員。
歡迎光臨—
具有罕見的色彩辨識能力，成功解決所有印刷上的難題，是大家公認貨真價實的傳奇接班人……
可是有一次，他因為工作觀的差異與父親起衝突，便離開了那美印刷。
混帳～！我們的工作就是要忠於原稿！
發飆～！
好啦— 好啦—
做出超越顧客要求的水準才叫做專業!!
原來以前有人敢跟那麼可怕的老爹吵架啊……。
在那之後他就改當自由PD，浪跡全國……
隆隆隆隆隆
不過……
給我天婦羅蕎麥麵加蛋
如果匠先生肯來，也許就能滿足GOKO小姐的要求……。
可以的話，我倒不想見到他……。
名代 ほじそば

新包款的宣傳冊下版日
埼玉印刷廠的會議室裡正在開印刷品質會議。
因為這樣，所以明天印刷雖然有實物樣本，但說到底就是得符合GOKO小姐腦中想像的顏色，是非常困難的要求……，站在我們業務的立場……
禁菸
瞄瞄
瞄瞄
※嚇！
刷元啊～
ビクッ
是!!
!!
你們業務做事還是這麼隨便嗎？喂!!
瞪！
連色彩樣本都沒有到底要怎麼印！話說回來，這種不清不楚的狀態是在下什麼版！
對…對不起！

印刷經驗談

沾有油墨的手未洗淨，上風俗店吃了閉門羹。（投稿者：rinonpa）

印刷小知識

杉田玄白等人翻譯出版的《解體新書》，以木版重現J. Kulmus的原著《Anatomische Tabellen》中用銅版（凹版）印刷的精緻解剖圖，在這一點上是非常出色的印刷品。是玄白要求好友平賀源內的徒弟，小田野直武幫他畫的。杉田玄白固然厲害，而小田野直武也不簡單呢！

好啦，阿匠，你這會兒責怪刷元也無濟於事。現在重要的是要怎麼印……
不！
就算是五味廠長的請託，不可能就是不可能！我要退出這次的案子！
嘎啦
!!
啊～！那個叫GOKO的人到底是怎麼搞的啦……用紅字加註什麼「會讓小鳥想展翅高飛的那種藍天」！
已經沒救了～
冷靜一點
喂……沖田！
……
ピタッ
※停住
喂！小子，你剛才說什麼？
嚇！
媽呀！對……對不起！
……
唰
我問你剛才在說什麼!!

那是GOKO小姐一校到四校上的色赤※……，
「小鳥會想展翅高飛的那種藍天」、
「讓人會想躺在草原上一直眺望的那種天空」，
諸如此類……
二校
完全不行！要更多一點那種會讓小鳥想展翅高飛的藍天！
三校
嗯～不對……我要的是讓人會想躺在草原上一直眺望的那種天空！
對對對～
……
原來如此……
※關於印刷色彩方面加註的紅字。
喂！刷元！你馬上打電話給墨賀和灰島！想趕上明天付印，要從製版重新來過，然後再下版！
喔？回心轉意了？
咦？可是色彩樣本……
色彩樣本……
扭頭
就在這裡！
戳戳
!!
什麼？匠前輩…知……知道了
大驚
比匠晚兩梯
比匠晚一梯

印刷川柳

把洋紅說成「別瞎攪和」的老爹笑話

（copy runner）

※洋紅（Magenta）與日文別瞎攪和（混ぜんな）的發音相似。

那美印刷總公司製版部
在赤羽匠的指揮下，
GOKO新包款宣傳手冊的
修圖作業進行到深夜。
好！這樣就全部結束！檢查完最後一次就下版！
CMYK
不假辭色——
是!!
製版部修圖負責人
灰島亮太
……
咕嚕
色彩樣本就在這裡！
阿匠……那是什麼意思？
……
GOKO的部落格兩年前有一則在北海道出外景的發文……那篇文中……
20XX年7月X日　12:32
類別：日記
GOKO
美極了的藍天！
小鳥應該會很想展翅高飛吧
我也好想躺下
一直眺望藍天哪
喀擦！
漂亮吧？
的才漂亮？
喔呵呵呵呵
連……連這個都查過！可是……就算知道是北海道…

我遊歷全國各地……我在北海道也看過
!!
那樣的天空!!
隆隆隆隆隆
刷元前輩，墨賀先生和灰島先生一反常態地積極耶……。
!!
噠
也是啦，因為那兩人特別受到匠先生的疼愛……不如說是鍛鍊吧。
好的!!
嗯？等一下！我看就這個包包再稍微……
是!!
哇～～～
而且據說匠先生的色彩辨識能力強到能在腦中轉換CMYK！所以大家絕對信任他的指示……
當然也有可怕的一面……
轉換成CMYK？
嗯……真紫老弟，就是把數位影像的RGB※轉換成印刷用的CMYK唷。
原來如此……可是，那樣顏色不會變嗎？
唰
CMYK
轉換

※即紅（R）、綠（G）、藍（B）三原色。

印刷小知識

東京有印刷城鎮之稱，其實從江戶時代起就是如此。活字印刷之所以在明治時期爆炸性地傳播開來，是因為江戶時代寺子屋等的教育提高了日本人的識字率。順便告訴大家，江戶時代日本人的識字率有七～九成，一般認為是當時全世界數一數二的水準。江戶時代的日本真厲害！

為盡可能防止CMYK轉換中色調改變，我們會在設備建入色彩描述檔，好讓顏色接近螢幕上看到的RGB影像。那美印刷獨自的色彩描述檔〈NAVI COLOR 2012〉就是匠先生做的喔！
RGB
〈螢幕〉
CMYK
色調變沉了～～
NAVI COLOR 2012
色彩描述檔
〈紙〉
幾乎一樣!!
就……就是這樣！真紫老弟！色彩描述檔！你可要好好記住喔！
悄悄～
小子！說得好像你知道的樣子！那你把CMYK和RGB的色域告訴那小伙子！
大驚！
CMYK
!!
躲
啊？色……色域？
沖田，色域就是色彩的表現範圍！
我來解釋一下。「色彩表現範圍」指的是RGB和CMYK能夠再現的色彩範圍。RGB可以再現的色彩範圍比人類肉眼可辨識的範圍要窄，而CMYK的色域又比RGB更窄！
換句話說
印刷可以再現的色彩範圍最狹隘!!!!
色域簡略圖
RGB的再現色域
CMYK的再現色域
人類肉眼可辨識的色域
RGB（光的三原色）有些鮮明的色彩CMYK無法再現。
……
咦?! 明明CMYK有4色的說?!

所以若應用在這次的事件上……
GOKO看到的藍天（肉眼可辨識的色域）
商品的影像檔（RGB）
透過印刷再現（CMYK）
印刷超級不利的！
傻―眼
不是只有這一次！我們經常得在這樣狹小的色域內一決勝負！
所以絲毫不得大意，為了做出更好的成品不顧一切，絕不妥協！這就是我們的工作！
磅！
感覺印刷這行搞不好很酷……
好！墨賀、灰島！去喝一杯！
是…是!!
印刷公司豈不是最劣勢……
就這樣，GOKO設計的新包款宣傳手冊下版了……
※感動
接著，來到了印刷當天的早晨！
那美印刷
剎
NAVI
嗯？

印刷川柳

總覺得　字面看來很好笑　原樣進行

（野津亭）

※原樣在日文中是標示「ママ」，與「媽媽」同字。

印刷小知識

活字印刷是圖、文分開來印刷，但江戶時代專為庶民百姓印製的冊子採木版（整塊版）印刷，因此圖、文緊密地排在同一塊版上！這不就是現在的DTP（桌上出版）嗎？說日本是DTP的先驅也不為過?!這樣說是否言過其實……？

那美印刷 埼玉印刷廠
剎
呼——，真遠啊～
嘎——
什麼～!! GOKO不是不來看印嗎?!
嗯……據月野先生說……
月野！
我也聽說過流浪PD的傳聞，很想親眼見識他做事的本領！
匠先生真有名耶……
所以我請她在接待室稍候。
匠先生，抱歉事出突然！
受不了……真是任性！
哼，不管誰來，我們一樣是做印刷的！
……
咚
NAVI
CMYK
好！開始了！
是…是！

此時
接待室A
……
YUUJI.Y
怎麼偏偏掛的是GOKO敵對品牌的海報！
天吶～～
凝視
……
突然要求現場看印，來不及準備，很容易會發生這種情況！
怎麼樣……？
……
好！挺不錯的啊？
啪沙

印刷經驗談

在印刷公司當業務的時代，有一次熬夜在印刷廠校正，客戶拿著紅筆一直在打瞌睡。由於紅筆未套上筆蓋，回稿上有無數個紅色戳記……。第一線人員不明白這紅色戳記的意思，暫停作業，使得現場大亂。打瞌睡時請別拿著紅筆。

（投稿者：奈良裕己）

印刷小知識

日本活字印刷的始祖是江戶幕府的「通詞」（口譯者），並參與活字鑄造的本木昌造。他在明治維新後的1870年創立「新町活版所」。其門生有創立「築地活版製造所」（P59），同時也是石川島造船所（現在的ＩＨＩ）創始人的平野富二；《橫濱每日新聞》的創始人陽其二等人。

謝謝！我馬上拿去給GOKO小姐看！
噠
匡隆隆隆隆隆
嗯？
慢點！刷元！我看這個還是不行！
喂！這流動的部分紅色再減一點！
唰！
那裡是藍天的……
咦？可是……
你別管，就是要減少！
？
是….好的
遵照指示減少M再印刷。
很好……就是這個！
OK
刷元前輩……怎麼看都是剛才那個比較好吧？
真的……紅色感覺根本不夠……
啪沙

欸！
是要讓我等到何時？
我可是很忙的！
嚇！
!!
刷元兄，抱歉！GOKO小姐說她不能再忍了……
真是的！讓我等這麼久……
蹬
蹬
那……那個，還要稍等……
哎呀！這不是印好了嘛！
攔
讓開！
!!
喂，這是什麼……
這完全不對啊!!
!!
……

抖~

印刷川柳

雖然提供了　商標圖檔　卻只有5像素……

（ozawa）

印刷小知識

文藝復興的三大發明是指南針、火藥和活字印刷術。活字印刷為凸版印刷的一種，即利用活字組版印刷。幕末到明治初期，本木昌造（P53）等人將它引進日本後，很長一段時間一直是文字印刷的主流。現在雖然已非主流，但仍然經常被用來作為一種藝術的表現手法。

這是怎麼回事?!
這樣的顏色
完全不對啊!!
發飆
……
那個……這個……是這樣的。
CMYK
至極の新作
喂！拿吹風機來。
轉身
啊？
我叫你把它吹乾！
喂！有沒有在聽！
是…是!!
……
轟嗡嗡嗡嗡嗡嗡
咦？這……這是？
NAVI
你們從剛才到底在搞什麼……
瞄～
驚！
!!

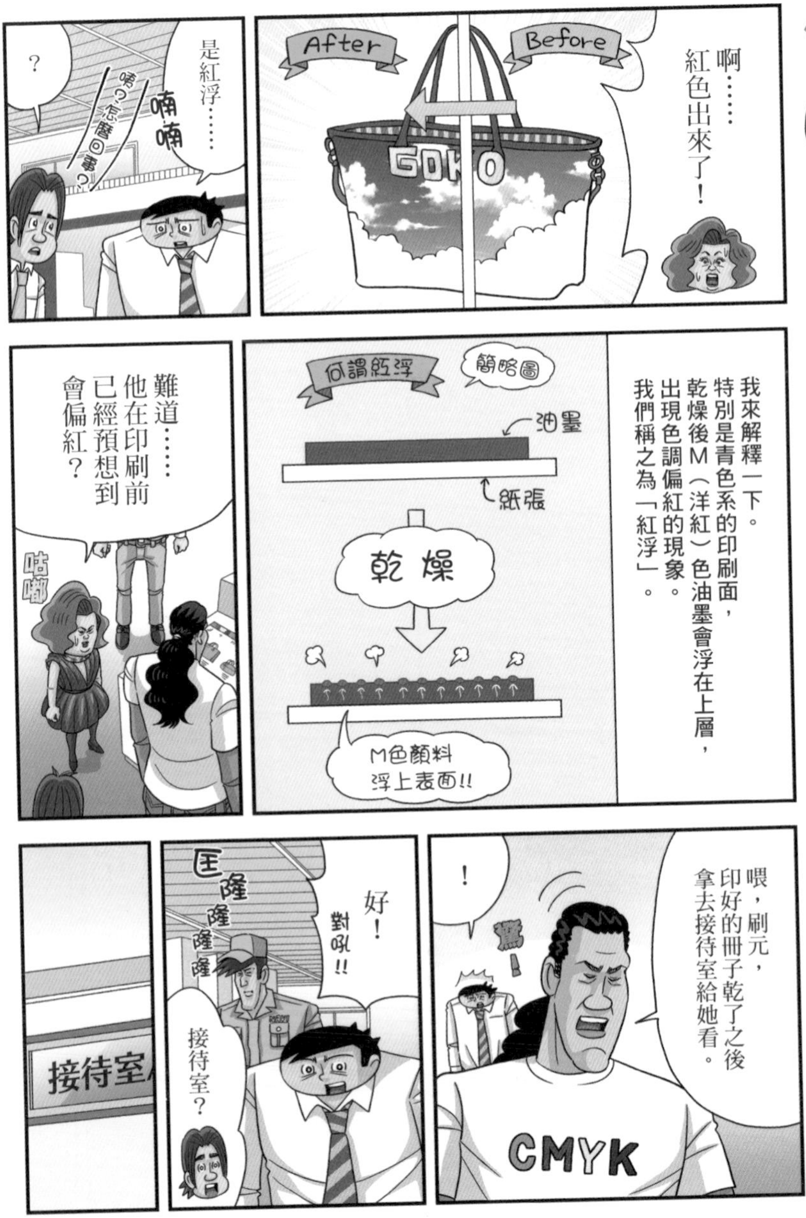
Before
After
GOKO
啊……紅色出來了！
是紅浮……
喃喃
咦？怎麼回事？
？
我來解釋一下。特別是青色系的印刷面，乾燥後M（洋紅）色油墨會浮在上層，出現色調偏紅的現象。我們稱之為「紅浮」。
何謂紅浮
簡略圖
油墨
紙張
乾燥
M色顏料浮上表面!!
難道……他在印刷前已經預想到會偏紅？
咕嘟
喂，刷元，印好的冊子乾了之後拿去接待室給她看。
驚
！
CMYK
好！
對吼!!
匡隆隆隆隆
接待室？
接待室

印刷川柳

說是很急的
報價條件
部數未定

（ECO-SCRATCH的DG）

來，請過目！
啪沙
!!
這……這正是……
※登登
我想像中的藍天!!
ドーン

為…為什麼在接待室顏色會更好看？
因為光源……
高原？避暑勝地？
我來解釋一下。人類觀看物體時所「看到」的顏色，其實是光照在物體表面所反射出的光的顏色。因此，光源不同，我們看到的色調也會改變！
光　源
<日光燈><燈泡><太陽光>
<LED>
反射光
會隨著光源改變所見情形
<人類>
<印刷品>
剛才是在色評價專用的燈管下，接待室是日光燈，光源不一樣。
是……是這樣嗎……？
消費者會在GOKO直營店的LED照明環境下，或一般日光燈下看到這宣傳手冊！印刷有必要做出合乎這些條件的色調！
CMYK
出現
竟然……考慮到這麼細嗎……
實在是太厲害了……
……

印刷小知識

在長崎擔任幕府「通詞」的本木昌造（P53）邀請美華書館的William Gamble來日本傳授被稱為「蠟型電鑄法」的字型鑄造方法，成功鑄造出鉛活字。在那之前，日本的印刷主流是木版，我們在時代劇中經常看到的「瓦版」（即街頭快報）也是採用木版印刷。隨著時代變遷，印刷漸漸從木版朝活版演進！

印刷小知識

國產第一台正式的印刷機是由「東京築地活版製造所」（1873年創立）所製造。因為他們積極鑄造販售活字，活字印刷才逐漸擴展到全日本。東京築地活版製造所對於日本印刷技術的普及，可說厥功甚偉。順帶說一下，這家製造所在關東大地震後的昭和初期解散，現在已不存在。

做得好極了！
嘰 嘰 嘰
マッカー
流浪PD!!
……
ばぁぁん
※登登～～
啪
無懈可擊！不愧是……
Good!! OK!! Goko♡
就這樣，GOKO設計的新包款宣傳手冊順利印製完畢。
太好了！
大家辛苦了～
喂！要檢查有沒有針孔和髒點喔！
是！了解！
※低沉～～～
悄悄
可是刷元前輩，色調修到這種地步，和實品的差距……
悄悄
沖田，不可以再說下去……。
ずううううん

印刷經驗談

再怎麼雞毛蒜皮的小事，前輩和上司總是要我馬上出聲、通報、傳達，所以我曾把前一手黏在校樣上的鼻屎用紅筆圈起來，蓋上「要確認」的章後轉到下一段工序。（投稿者：宇佐美Nohii）

翌日
HOSPITAL
所以，多虧了阿匠，我們總算度過難關。
哼！居然求助那種半吊子！
NO PRINT NO LIFE
是誰喝通宵睡在吸菸室裡，還得叫救護車送醫啊……？
真是的
唔……
不過這也是個好機會，可以做全身檢查！
啊！對了對了！
阿匠有請我帶東西給你，還要我轉告，都一把年紀了，戒菸吧。
內有電子菸!!
啪咚！
什……兔崽子別臭屁！
真是的！兩個人都那麼嘴硬，這點簡直一模一樣……不曉得阿匠這會兒正前往哪一家印刷公司呢。
隆隆隆隆隆隆
哼！不說這個了。刷元那混球！竟敢隨隨便便就下版！等我出院後要重新磨一磨他！

寒意?!
抖~~~

别太高興

太好了
振奮
唷呼——
黃金週十連休耶!!
沖田！
噓—
很難相處耶～
怎樣？刷元前輩不高興嗎？
哼—
我了解你的心情，可是現在在公司，不要太喜形於色……
使眼色
?
嚇!!
日曆、手冊的負責人
……
癱軟～～
已經全數交貨了…

新世代

嗯？……
刷元前輩，發生什麼事了？
影像檔太大，要花很多時間下載。
喔，原來是這樣。
下載中
5G的時代快來了，到時候應該就不會發生這種事了吧！
大容量
高速
5G
第五代行動通訊系統
的確是！好期待5G！
如果是5G，這種是不是只要一秒。
期待期待期待
沉默——…
不過到時候也許已經沒有印刷了……

某天晚上
藍川！
這是怎麼一回事!!
……
啪！
什麼怎麼回事……就照著紅字……
※登楞～～～～
笨蛋!!這是要妳把廣告標語改成金赤色※的意思！
ドオオオオオン
!!
責畢稿
將這句標語改成金赤
將這句標語改成金赤
將這份心意送給你
妳喔！給我認真一點！
沮喪……
是……對不起……
……
刷元，抱歉啊～
小凜……

印刷小知識

福澤諭吉也是印刷男孩！他不斷地印刷出版自己的著作。《西洋情事》印了25萬冊。據說《勸學》竟然也有340萬冊。順帶一提，《勸學》是採用金屬活字印刷，但目前坊間留有許多木版印刷的盜版書。任何時代都是受歡迎就會出現盜版，是不是？

※色彩名，「M90% Y100%」或「M100% Y100%」的紅色。

頂樓
唉～
腳步沉重
小凜，辛苦了！
沙
這個給妳！
沖田……謝謝。
坐一下吧
嗯
我這次又搞砸了，對不起……。
哎呀，別放在心上！任何人偶爾都會出錯……
不是偶爾……
上星期也…
沮喪
藍川！是摩天吧！
哇～！對不起！
魔…魔天大廈……這錯誤錯得還真是……
極致舒適的空間
魔天大廈
摩天大廈
極致舒適的空間
高樓大廈
責畢
ドヤ～ン
※登楞～～

印刷川柳

會看對方「本文」怎麼念　來判斷來頭

（Erii）

※「本文」的日語可讀作「honbun」或「honmon」，從事印刷相關行業的人會唸「honmon」。

印刷小知識

大正到昭和初期由於活字印刷和凸版印刷技術的發達，大量印刷成為可能，一本一圓這種難得的低價書接二連三地出版，蔚為風潮。名稱也就叫做「一圓書」！順便告訴大家，是因為1926年（大正15年）改造社出版的《現代日本文學全集》大獲成功，才帶動了一圓書風潮的興起。

哎……
哎呀可是啊，
就算小凜犯錯，墨賀先生和我們業務都會幫妳！
反過來要是我出紕漏，小凜和第一線的人也會幫我的不是嗎！
只要大家這樣互相幫忙，慢慢減少出錯就好啦！
何況，小凜……
誤植和重印又不會要人命！
笑嘻嘻
謝謝你！感覺心情輕鬆了一點！
……
真的？太好了～
雖然全是刷元前輩對我說的話……
看來應該沒事了……
呼
我之前啊～
哈哈哈哈

印刷川柳

與其打電話來　不如先給我　建立外框

(daichanZ!)

對…對了，小凜，那個……我啊……對小凜……
噗通
機不可失!!
喜…
啊!!
沖田!!
他們說昨天下版的觀音摺手冊內包頁沒有縮短，沒辦法摺！
刷…刷元前輩！
我來解釋一下。包摺或觀音摺之類的摺紙加工時，向內摺的頁面需要縮短3mm左右。
包摺
若要摺成A4大小
297mm
210
210
207
觀音摺
若要摺成A4大小
297mm
207
210
210
207
沒縮短的話……
會擠在這裡沒辦法摺!!
嗚~……我記得設計師好像是……
高桐先生…
設計上又不能錯開摺線位置，難道又要重印？……赤羽先生會宰了你~！
……
什麼~！你不是說重印不會要人命的嗎！刷元前輩快打電話給赤羽先生啦~！
才不要！這是你負責的吧！
互…互相幫忙……

你們兩個混帳~~
對不起…
看吧，前輩會幫我的。

印刷小知識

日本出版史上第一本百萬暢銷雜誌是大日本雄辯會（現在的講談社）於1924年11月創刊的大眾雜誌《KING》月刊。順帶一提，因為《KING》的成功而設立的講談社音樂部門，日後獨立出來成為「國王唱片」公司。另外，戰時因「KING」為敵對國的用語，所以更名為《富士》雜誌。

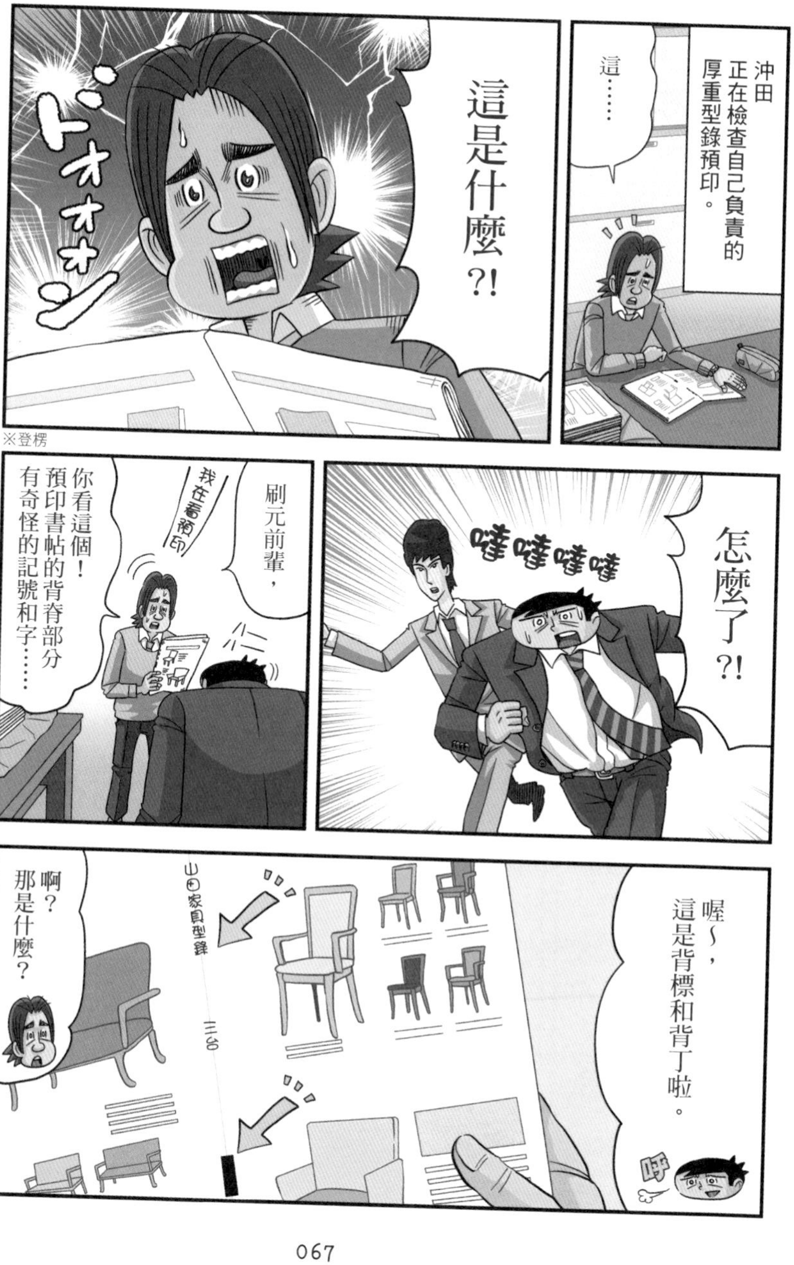
沖田正在檢查自己負責的厚重型錄預印。
這……
ドオオオン
這是什麼?!
怎麼了?!
噠噠噠噠
刷元前輩，
我在看預印
你看這個！預印書帖的背脊部分有奇怪的記號和字……
喔～，這是背標和背丁啦。
呼
山田家具型錄
啊？那是什麼？

※登楞

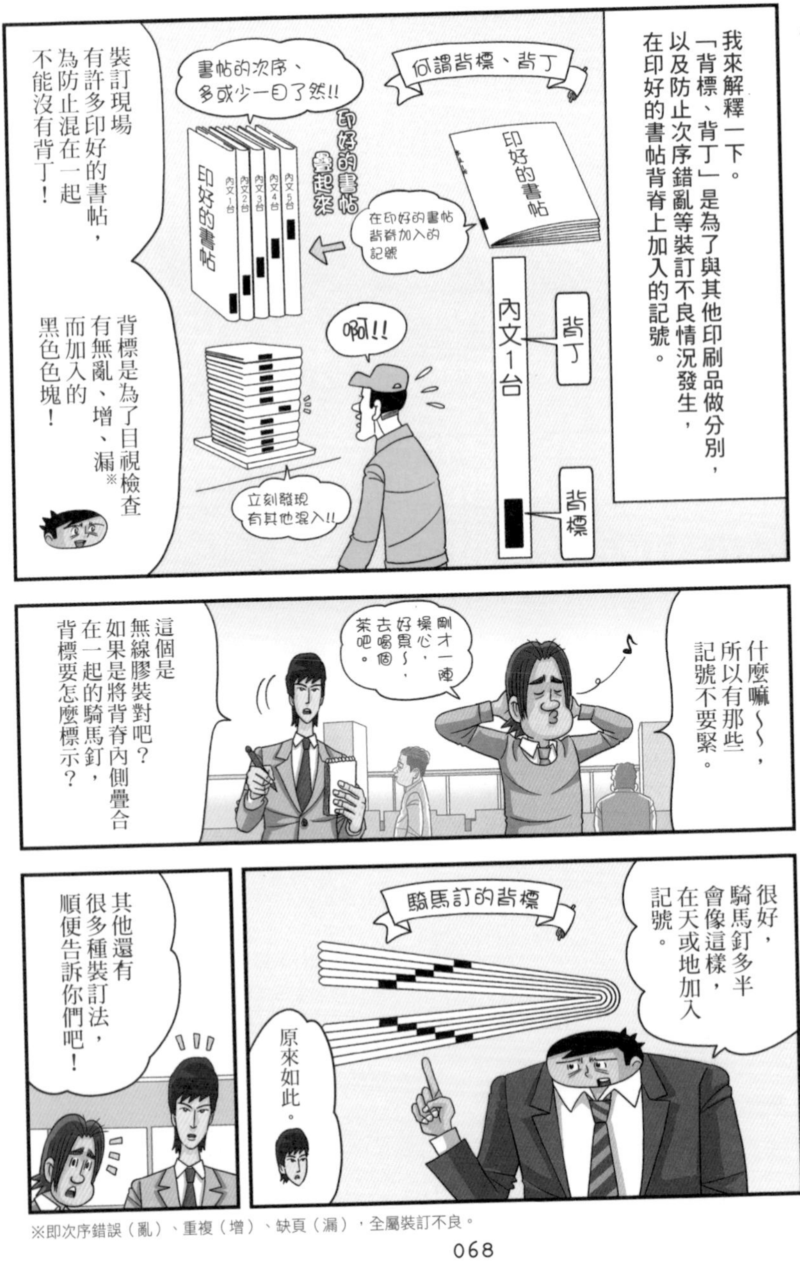
我來解釋一下。
「背標、背丁」是為了與其他印刷品做分別，
以及防止次序錯亂等裝訂不良情況發生，
在印好的書帖背脊上加入的記號。
何謂背標、背丁
印好的書帖
背丁
內文1台
背標
在印好的書帖背脊加入的記號
印好的書帖疊起來
書帖的次序、多或少一目了然!!
印好的書帖
內文1台
內文2台
內文3台
內文4台
內文5台
啊!!
立刻發現有其他混入!!
裝訂現場有許多印好的書帖，為防止混在一起不能沒有背丁！
背標是為了目視檢查有無亂、增、漏※而加入的黑色色塊！
什麼嘛～～，所以有那些記號不要緊。
剛才一陣操心，好累～，去喝個茶吧。
這個是無線膠裝對吧？如果是將背脊內側疊合在一起的騎馬釘，背標要怎麼標示？
騎馬訂的背標
很好，騎馬釘多半會像這樣，在天或地加入記號。
原來如此。
其他還有很多種裝訂法，順便告訴你們吧！

印刷經驗談

為偶像設計真人大小的人型立牌時，我會盡可能地用實際尺寸印製，但無論如何就是會有「臉型比較大」的人……，修改時一再收到「整體稍微縮小一點」、「再小一點……」的要求，最後的成品尺寸小到令人懷疑「這真的是真人大小？」……。（投稿者：KeiMAMA）

※即次序錯誤（亂）、重複（增）、缺頁（漏），全屬裝訂不良。

印刷小知識

大日本印刷公司是日本兩大印刷公司之一。其前身「秀英舍」創立於1876年。順帶提一下，日本出版史上第一本發行百萬本的《KING》雜誌創刊號就是由秀英舍印製。另外，秀英舍的命名者竟然是勝海舟！當時是基於「要發展得比英國更優秀」的期許而命名的。

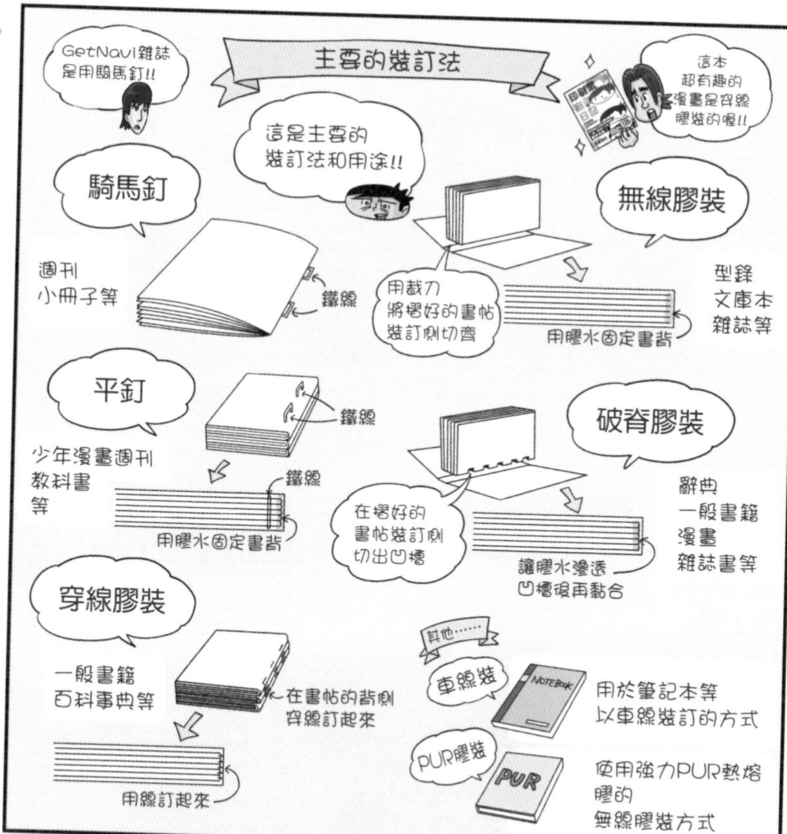
主要的裝訂法
GetNavi雜誌是用騎馬釘!!
這本超有趣的漫畫是穿線膠裝的喔!!
這是主要的裝訂法和用途!!
騎馬釘
週刊
小冊子等
鐵線
無線膠裝
用裁刀將摺好的書帖裝訂側切齊
用膠水固定書背
型錄
文庫本
雜誌等
平釘
鐵線
少年漫畫週刊
教科書
等
鐵線
用膠水固定書背
破脊膠裝
在摺好的書帖裝訂側切出凹槽
讓膠水滲透凹槽後再黏合
辭典
一般書籍
漫畫
雜誌書等
穿線膠裝
一般書籍
百科事典等
在書帖的背側穿線訂起來
用線訂起來
其他……
車線裝
NOTEBOOK
用於筆記本等以車線裝訂的方式
PUR膠裝
PUR
使用強力PUR熱熔膠的無線膠裝方式

去書店觀察書是用哪一種裝訂方式說不定也滿有趣的！
去書店查看書的裝訂方式……
筆記筆記
哼嗯～，把這些告訴太太和小孩，他們一定會非常佩服你吧？

唔……嗯，還好啦。
嗯？我說了不該說的話嗎？
我每次去書店都會說……
美羽妳看，這是穿線膠裝，這個是騎馬釘唷。
……
冷漠～
嗯？無線膠裝？
震驚
不……不會吧！
給我看一下！
啪！
刷元前輩，怎麼了？
果……果然！
沖田……這樣沒辦法無線膠裝啦！
青天霹靂
咦——?!
下回再細說分明……
好想知道～～

印刷川柳

油墨太厚　數字0　變成了●

（長男'S☆）

印刷小知識

日本兩大印刷公司之一的凸版印刷由木村延吉和降矢銀次郎於1900年創立。兩人曾在大藏省印刷局擔任技術指導的Edoardo Chiossone底下學習印刷技術。據說他們是從印製香菸的包裝盒（用當時最先進的印刷技術「凸版印刷術」）做起，公司名稱也是緣自於此。

沒辦法無線膠裝……刷元前輩，這話是什麼意思？
今天就要裝訂了啊～
……
沙
ゴゴゴゴゴ…
※啊啊啊啊啊啊…
你看這個！
攤
平
守護家人　笑容的沙發
這是跨頁編排。
這印好的內文……
……
沙
沒有預留裝訂邊!!
登楞

印刷川柳

濕濕的　連指尖都潤濕　400%

（iw@）

欸？薑片※？那個放在壽司旁邊、切得薄薄的醋漬薑片……
這個
……
我覺得一定不是……
我來解釋一下。無線膠裝在裝訂時會用裁刀將書帖的裝訂側裁切（milling cut）約3mm左右，因此拼版時裝訂側必須留空間。
無線膠裝
封面
用膠水固定被切齊的裝訂側
裁刀
切除 部分
將書帖翻開……
部分就是要切除的預留裝訂邊
沒有預留裝訂邊就不能做無線膠裝
那條要切除的部分就叫「預留裝訂邊」。
要是作業人員能幫忙注意……
唉～～～
……
可是這點小事業務也得知道……
就這樣，型錄重印之後再裝訂……但可怕的事還在後頭……。

※壽司用的薑片日文稱「Gari」，和留裝訂邊的日文發音相同。

印刷小知識

日本的紙鈔是由獨立行政法人國立印刷局所印製。印刷局員工屬於國家公務員。順帶告訴大家，印有福澤諭吉頭像的一萬圓紙鈔有兩種。2004年以後印製的現行一萬圓紙鈔，正面有3D全像攝影圖，背面是鳳凰；而1984年發行的舊版紙鈔正面沒有3D全像攝影圖，背面則是雉雞。

數日後
轟隆隆隆隆
咦——?!
真假~!!
ドオオォーン!
※青天霹靂
這次又怎麼了?!
噠噠噠噠噠
好的……我馬上確認……
上次那批型錄今天交貨……可是客戶反應說什麼跨頁怪怪的……。
啊？樣本拿來我看一下！
YAMADA KAGU
嚇！
這……這是！
啪！
……
YAMADA KAGU

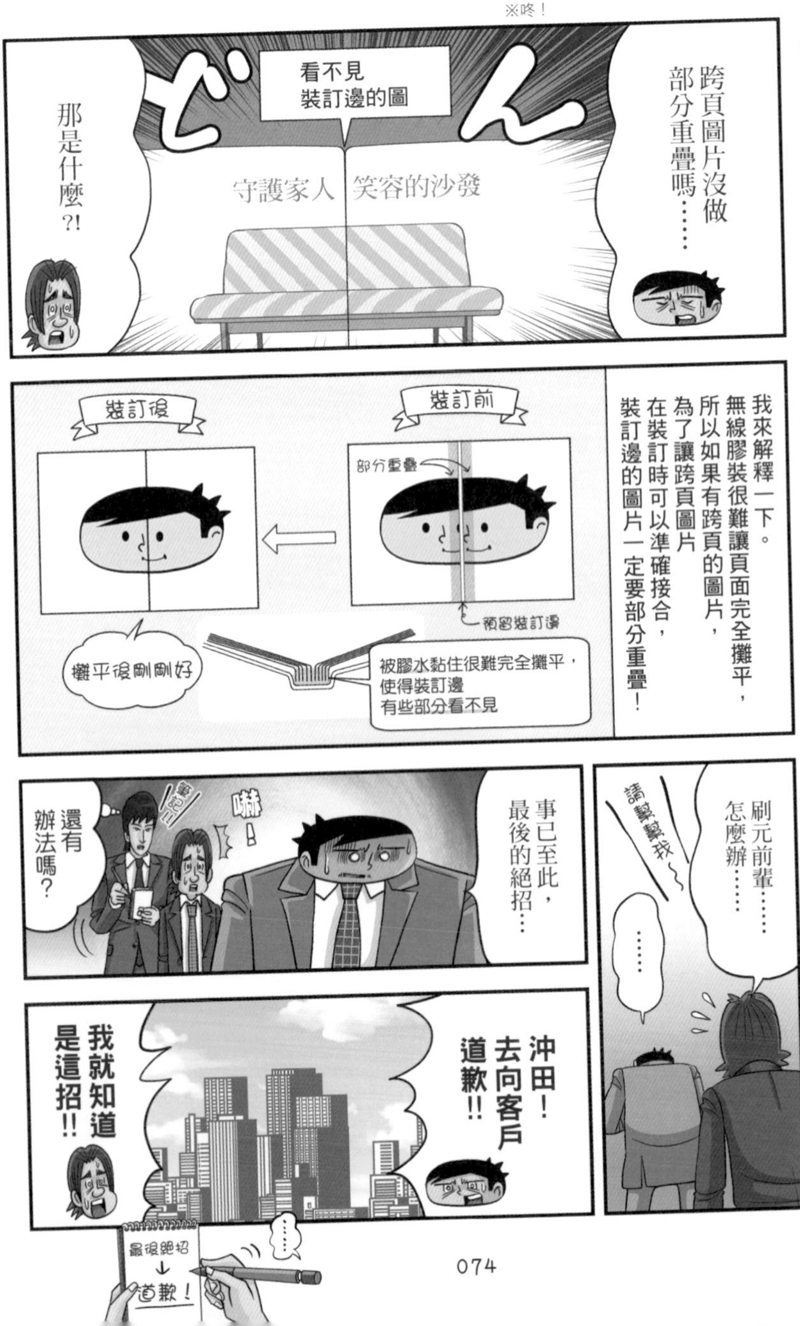

印刷經驗談

某印刷公司有間供出差校閱人員使用的房間，俗稱「校閱房」。在這間房間裡，連平時開朗的編輯部成員也全都神經緊繃起來。感覺有改不完的錯字、圖片錯誤……焦慮到了極點……。在那種情況下，沒有什麼比拿著可以下版的校樣衝進來的印刷公司人員更令人安心的了！（投稿者：中嶋 體）

※瞪
那美印刷
埼玉印刷廠
那美印刷
有確實抽檢嗎？
ギロッ
從我說OK的地方以後顏色就跑掉※了不是嗎！
NAVI
真的？可是內部檢查機不是會自動檢查……
咦?!
你沒抽檢?!
混帳!!
也要目視檢查!!
對……
對不起～
……

印刷小知識

印製紙鈔所使用的顏色數量驚人！一萬圓日幣紙鈔和五千圓紙鈔的正面有14種、背面有7種顏色！千圓紙鈔是正面13色、背面7色！兩千圓紙鈔的顏色更多，正面15色、背面7色！位在東京、小田原、靜岡、彥根的工廠可以開放參觀，有興趣的朋友請上日本國立印刷局的網站查詢。

※即色調變了的意思。

我來解釋一下。近來平版印刷機普遍都配備內部檢查裝置，但為了更確實保障品質，作業員以「目視」方式抽檢同樣不可或缺。
示意圖
相機
用相機拍下所有印刷物的影像
監視器
檢測出異常
自動檢查有無針孔、髒點、色調不良等情況
啊！色調變了！
目視檢查
每家公司的規定不一樣，我們公司是平張機的話500張、1500張和最後，輪轉機的話是每隔20分鐘，以目視方式抽檢！
是喔～
印刷這玩意就是任何一項因素都可能造成微妙的差異……
印刷機
濕度
紙張
油墨
技術
很敏感
用同一個檔案也不一定能印出一模一樣的成品！
※咚！
どん
印刷品就像生物一樣！

印刷小知識

最流行的字體是「明體」。最早生產鑄造明體字的竟是歐洲人！目的是為了對中國人傳教（基督教）。想不到明體字居然和基督教有關係！日本自古便會使用明體字雕刻木版印製中國的圖書，一般認為現在所使用的字體在江戶時代中期已大致形成。

印刷小知識

德國人古騰堡（P18）發明的活字印刷機使用的是一般稱為「德國哥德體」的字體，和我們現在所使用的哥德體（粗體字）不同。據說，二十世紀之後美國人Benton創作的「Alternate Gothic」（替代哥德體的意思）被引進日本並扎根，成為現在我們使用的「哥德體」。

「印刷品就像生物一樣」。這是印刷公司員工必定聽過的一句話！
所以不要只靠機器，也要用我們專業的眼光好好檢查才行！給我牢牢記住這一點！
已經聽膩了……
是……知道了。
嗞嗞嗞嗞
嗯？
刷元嗎，怎樣？
啊——，好想回家——
不知道有什麼事……
赤羽先生！前幾天交貨的家具手冊……我們接到電話，說總公司和店鋪收到的手冊色調不一致！
我接手之後確認了一下，算是在容許範圍內，只是落點很微妙……。

從開始印製到結束的過程中，無論如何就是會發生色調的細微偏差！
…容許範圍
總公司收到的
店鋪收到的
開始印刷
印完
這次就是客戶將總公司收到的手冊和店鋪收到的手冊比對之後，發現那細微的差異……
幹嘛要比啊…
沮喪
刷元……
印刷品就像生物一樣！
登登登登
根本就不該讓他們有機會比較！何況既然是容許範圍內的差異，好好解決這事是業務的職責吧！
唔……
「印刷品就像生物一樣」這句話還滿好用的！
就這樣，我要掛了喔！
是……是啊……。
快步走掉
我也是有生命的啊……
唉——

印刷川柳

紙上的世界 無論四季 都有蜻蜓

（Sasasasasa）

※指十字規矩線，日文中與蜻蜓同字。

志工

東京奧運會要募集八萬名志工啊～
卡噹
叩咚
卡噹
叩咚
八萬人?!
果然是奧運
卡噹
叩咚
要無償使用這麼大量的勞力也太驚人了。
機會難得，我要不要也去應徵啊？
我才不想要免費工作呢！
如果用時薪計算，現在也是……
沮喪
不要再說了啦～～
驚恐

敏感

哇～～，體育廳推薦大家穿運動鞋上班耶～
不錯耶——！
早！
哇——！刷元前輩你穿運動鞋耶！對流行很敏銳喔～。
啊？怎樣？
有不好的預感⋯
我是感覺今天可能會需要跑步才⋯⋯
當天傍晚，刷元帶著因為出包而延遲的色校稿奪門而出。
路上小心！
原來是對出包很敏銳⋯⋯
媽呀～來不及了～
噠噠噠——

印刷小知識

日文中，為校正用而印製的打樣稱為「gera」。這名稱來自活字印刷排版用的木盤「gera」。而「gera」一詞的詞源則是從古代到十九世紀初，地中海和波羅的海地區所使用的海戰用船艦「galley」。換句話說，不論古今，有gera之處就要拚死搏鬥！

刷元被志美亞出版圖書編輯部找去商討人氣漫畫全彩出版的進稿事宜。
老實說，我認為哪一間印刷公司都一樣，可是上頭堅持要那美印刷……。拿去吧，這是封面的設計完稿。
漫週記
呵呵呵這樣啊～
哪裡一樣了?
不爽
志美亞出版 圖書編輯
吳間矢那男
我看看喔。
啊！
這……這是?!
黑版1c
KOSODATE MANGA
那個……這種紙張塗黑的範圍這麼大的話……是不是上凡尼斯比較好呢……
……
凡尼斯?
週刊ゲット
錯愕

我來解釋一下。
「上凡尼斯」指的是在印刷品表面塗上透明樹脂的加工處理，可以提高印刷面的耐久性、防水性、耐磨擦性等！
何謂上凡尼斯
滿版~~~~
有亮光凡尼斯和平光凡尼斯之分喔！
滿版面積很大的話…
或是填滿金、銀等特別色
沒凡尼斯的話…
滿版部分上凡尼斯!!
實際上是透明的
紙
指甲
預防損傷、弄髒!!
滿版部分容易有傷痕!!
此外，同樣作用的加工處理還有貼PP膜※，但PP膜要貼一整面，而凡尼斯可以只就印刷部分重點式塗布！
瞪
啊？你要免費幫我上那個嗎？
製版費和印刷費雖然多少會增加……即使這樣……
驚嚇
那就不要上！你們只要照著原檔印就行了！
真是的！那是什麼態度啊！
呵呵呵，偶爾就是會遇到這種傲慢的人。
哼
快步
哼
快步
刷元前輩，你竟然還笑得出來！我可是忍得很痛苦！

印刷川柳

泳衣外　露出的陰毛　要修正

（石黑謙吾）

※使用PP（Polypropylene）膠膜熱壓的加工處理。請參照前作《印刷業崩潰日記》的P89。

印刷小知識

用噴墨印刷機再現平版印刷（P113）的色彩時，為使顏色看起來接近，多半會改變油墨的色數。例如，平版印刷上的全黑（K100%）在噴墨印刷機上是用K+CMY的網點構成。嚴格來說和平版印刷是不同的顏色，沒有這樣的認識的話一定會狀況百出。

他也有家人，為那些家人所愛。
他同樣是為了他的家人而努力工作……。
啊？怎麼突然說這些？
沙
沙
沙
這樣想就不會生氣了吧！
沒有人是天生的壞人喔
刷元前輩……從以前到現在一定經歷過許多痛苦……。
到了出色校樣這天
吳間先生，要跟您商量一下，
圖書編輯部
我們的技術員也建議封面要上凡尼斯……
抽出
很煩吶！沒有預算啦！我就說不要了！校樣快拿來！
唰
啊——！
刮…刮傷了！
原……這是原本就有的吧?!
表1
パアアマアーン

※登楞

哪有這樣！你的意思是我們弄的嗎?!
沖田
別激動
沒事、沒事！總之就是很容易會這樣刮傷。這部分就上凡尼斯避免吧！
安～靜…
……
好吧……。
謝謝您！
這人也有家人，為了他的家人而努力工作……
就這樣，刷元他們獲准上凡尼斯，不至釀成大錯。
……原本以為是這樣。
太好了！這樣就放心一點了。
呼
那個……您太太和小孩都好嗎？
啊？我單身啊？
噫～！
……
但之後他們便明白事情沒那麼簡單。
他根本就單身啊!!
那只是我的想像…

印刷經驗談

有一次做雜誌，我用「取代」功能把暫用的模特兒全身圖片換成實際要用的圖片，不料實際圖片因為做過「腿長加工」，腳踝超出版面。最後做出來的雜誌有寫出鞋子的價錢卻不見鞋子的照片。（投稿者：（ZI）微感冒）

※吼——
志美亞出版的人氣漫畫單行本因責任編輯脾氣古怪，歷盡千辛萬苦好不容易來到下版日。
ガーーッ
……
來不及啦～
追加
碎念碎念碎念碎念
怎……怎麼會變這樣…
不過。
噠
噠噠噠…
刷元在嗎?!
閃亮—
快點過來一下！
噠！
2F 製版部
發!!
發抖…
發……發亮了！有狀況！
啊啊啊啊啊啊
這……這是?!

印刷小知識

活字印刷的程序是：①邊看原稿邊集字（揀字）；②將集合起來的活字組成文章（植字，或稱排字）；③出校樣，校閱完就印刷。日文有數萬個活字，因此「揀字」誠然是一項技藝。一般認為40分鐘能揀完800字（1字3秒）就算出師了。

下版前的最終文字校正※還要改……。
俺のせいだって言うの?
お前!!
俺↓俺
這裡要出頭 以下同
↑不要凸出來
文字的話，改好就能下版了對吧?
不，這是手寫字，不是那麼簡單就能解決的……
這位作者的手寫字真多……
我來解釋一下。手寫字和電腦打字不同，手寫字因為是影像檔，要修圖才能改正。
俺 前
這裡補上
這裡去掉
俺 前
這本書幾乎全是手寫字。而且這個字用很多……。
一點點 一點點…
如果要檢查全部頁面再修圖，今天就沒辦法下版了!
總之我先聯絡責任編輯!
志美亞出版
啊?錯字?

印刷川柳

你涅槃 我要下版 我等

（愚多）

※即檢查有無錯字、漏字。請參照前作《印刷業崩潰日記》P23。

印刷小知識

活字印刷表示活字大小的單位有「點」和「號」，「號」是日本自有的規格。採用活字印刷印書時，正文字的標準尺寸是10・5點（5號）。順便說一下，為了可以藉由手的觸摸辨識天地，鉛活字的側面刻有日文中俗稱「nekki」的凹槽。連3・5點的小字上也有！

這種小事你們就趕緊改一改呀!!
要我現在去拜託老師是不可能的！
你們自己好好處理!!
我現在很忙!!
可是不提供校正紅字的話……。
嘖！好啦！
因為這樣，所以決定修改完後明天再下版。
墨賀先生、灰島先生，對不起，有勞你們了！
好吧，也沒辦法。
……
數小時後
啊!!
刷元前輩！你快看這個！
沙
嚇我一跳…
什麼事？

我剛才看了吳間先生的社群帳號……
YANAO-KUREMA @ykur
我發現錯字！
來加註紅字～！
讓印刷廠
熬夜修改～www
這裡自然補上!!
這裡要去得自然!!
お前!!
……
沖田，你光看這些會沒辦法下版喔。
我們是為了等著這部作品出版的讀者下版，不是為了作家或編輯下版！
登登
刷元前輩……太帥了。
熬夜的疲勞會讓人的情緒異常亢奮。
他在說什麼？
安～～靜
之後。
啊！好多人都在罵吳間先生的發文。
咦?! 哪裡？我看看！
刷元前輩是在暗笑吧？好壞喔！
看來刷元前輩是真的有被氣到……。
就這樣，總算下版了。
哎呀～～被罵好慘耶～～

印刷川柳

怎麼會這樣 除了樣本 全是良品

（樋口印刷所）

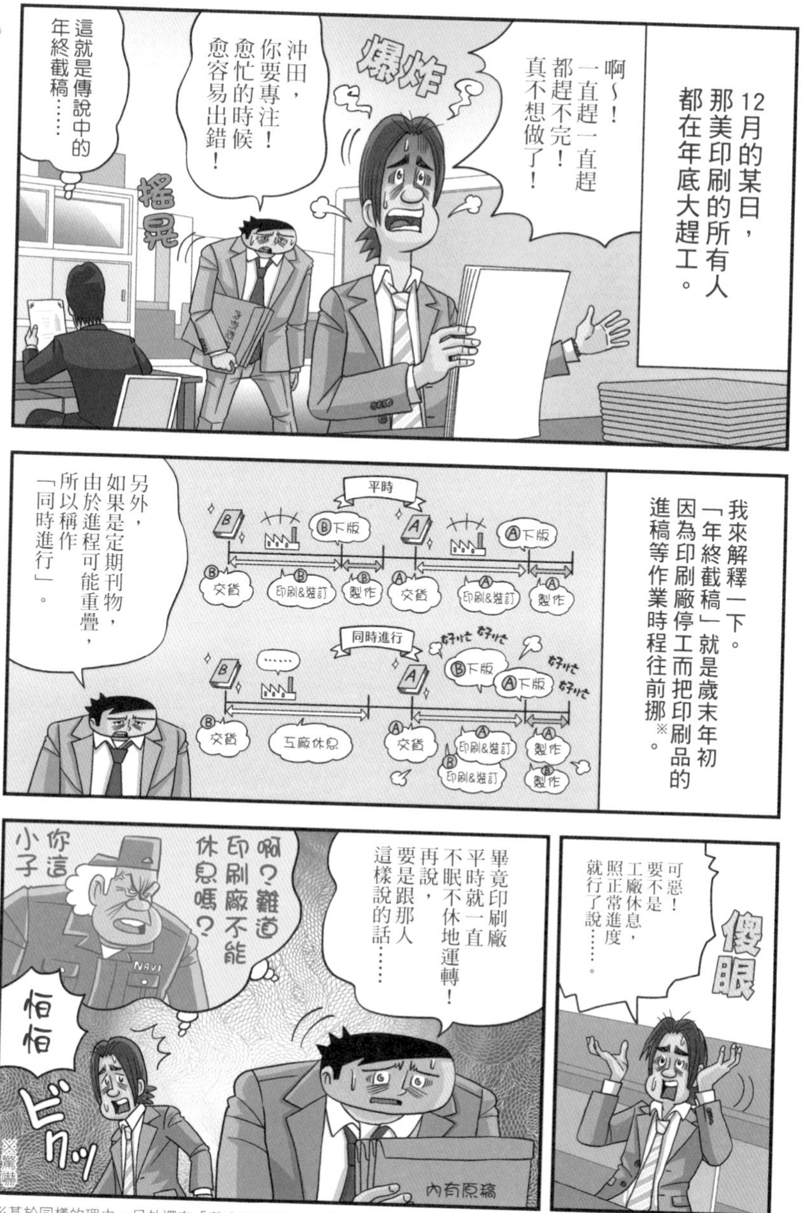
12月的某日，那美印刷的所有人都在年底大趕工。
啊～！一直趕一直趕都趕不完！真不想做了！
爆炸
沖田，你要專注！愈忙的時候愈容易出錯！
這就是傳說中的年終截稿……
搖晃
我來解釋一下。「年終截稿」就是歲末年初因為印刷廠停工而把印刷品的進稿等作業時程往前挪※。
另外，如果是定期刊物，由於進程可能重疊，所以稱作「同時進行」。
平時
B下版
A下版
交貨
印刷&裝訂
製作
同時進行
工廠休息
傻眼
可惡！要不是工廠休息，照正常進度就行了說……。
畢竟印刷廠平時就一直不眠不休地運轉！再說，要是跟那人這樣說的話……
啊？難道印刷廠不能休息嗎？
你這小子
怕怕
ビクッ
※驚嚇
內有原稿

印刷小知識

注音假名別稱為「rubi」。詞源來自紅寶石的英文「ruby」。「ruby」是文字的點數系統（P87）尚未建立時，歐洲對相當於5．5點活字的稱呼。其大小與日文用以標示注音的7號活字幾乎一樣，所以注音假名後來又被叫作「rubi」。

※基於同樣的理由，另外還有「黃金週截稿」和「御盆截稿」。

刷元前輩，可以請你看一下這個嗎？
出現
碎念
我想回家我想回家……
碎念
碎念
嗯？
放標題放標題放標題
喔～，這是暫時放的假字啦！表示雖然還沒敲定廣告標語，但預留這個位置放標題！
因為這個還只是一校
原來如此。
放標題放標題放標題
赤ワイン
順便告訴你，如果是圖片就會印上「暫用」！
暫用
暫用……
筆記…
例如出校樣時圖片還來不及弄好之類的情況。
不過真紫，你看得還真仔細，要繼續保持喔！
是！

印刷經驗談

把糊頭的樣本送去給客戶，在客戶面前快速翻頁時，因黏得不夠牢而瞬間解體。內頁四散分飛落在地面的情景感覺有如慢動作。（投稿者：刷元正）

印刷小知識

在歐洲，5・5點的活字又稱「ruby」（P89），而其他以寶石命名的還有「diamond」（4・5點）、「pearl」（5點）、「emerald」（6・5點）等。另外也有用長度單位來命名，如small pica（11點）、pica（12點）、以及double pica（24點）等。

幾天後
那個，刷元前輩，是這樣的……
輕輕…
嗯？
！
我之前不是告訴過你了？真紫竟然會問同樣的問題，還真稀奇……
登登〜〜
放標題放標題放標題
赤ワイン
您說假字對吧？那個我知道……可是這是……
※昏倒——
這是預印……而且已經印完了！
ズコーッ

怎……怎麼會！這麼大的字竟然都沒人注意到……。
好痛啊啊…
發生什麼事了?!
對……對不起。
噠噠噠—
嗯？
真紫老弟給我看看責畢稿
是說，刷元前輩也簽名了！
還有我也是…
啊！真的！
完全不記得了!!
責畢稿
OK 刷元 沖田 真紫 松井
放標題放標題放標題
愈明顯的地方愈容易因為「不可能弄錯」、「大家一定都會檢查」這種先入為主的想法而出錯！
我有個想法……這工作本身就是假的，我們出的錯也是假的……。
……
你在說什麼啊？
沖田……我不懂你要表達什麼。總之先聯絡客戶，安排重印……。
就這樣，刷元他們的年終截稿一如往常在狀況百出中度過。
唉—
啊…祝大家有個好年！

印刷川柳

Y、M、C、A？不不不，我們是C、M、Y、K！

（yuna）

印刷小知識

印刷品的頁碼日文稱作「nonburu」。一般認為這稱呼源自法文的「nombre」，等於英文的「number」。江戶時代則稱之為「丁付」。另外，為防止看不見頁碼的部分在印刷和裝訂過程中出錯，裁切線上還會標示「隱藏式頁碼」。

書店裡有個男人一直盯著雜誌看，動也不動……。
是再三思索要不要買那本雜誌的讀者嗎……
……
※背後發涼…
原來是注意到什麼事而臉色發白的印刷公司員工。
ぞおおお…
這……這是……
GetGet
折角!!
どぉぉぉん
春も使える高品質
ワイヤレス
※登楞

我來解釋一下。「折角」指的是一部分內頁摺進書裡未被裁斷的狀態。
折角
內頁3台
摺線在下的右翻書折角
摺紙發生瑕疵！
直接配頁、裝訂&裁切
三面裁切
折角部分未被裁斷仍然連在一起
包背裝?!
Get Get
因裝訂前的摺紙瑕疵導致裝訂裁切後頁面仍連在一起。
那麼，這種時候刷元會……
咕嘟
……
Get Get
請給我這本……。
BOOK
謝謝惠顧～
買下那件商品。
所以你買了？你到底在幹嘛呀！刷元前輩！
況且又不是我們印的！
跟你又沒關係
嗯……，可是總覺得實在無法置身事外……
訂購單
正在用美工刀切開
印刷公司員工一遇到印刷方面的事就無法袖手旁觀。

印刷川柳

那張照片 表現不出 引人垂涎感

（copy runner）

印刷小知識

常聽人說日語很難，從活字印刷來看便非常能夠理解！拉丁字母的活字總共就26個，可是日語分平假名、漢字、片假名，有幾萬個活字，數量龐大。當然也會發生誤植！因此就活字印刷的角度來說，日語也許是「很難搞的語言」。

那，你知道是哪一家印的嗎？
這個嘛……版權頁※是寫……啊～是帝王印刷！
パラ
※翻開
哎呀！那家公司不是超大的嗎！
順帶說一下，版權頁上也會記載遇到瑕疵等情況的聯絡方式。
真是的！日本最大的印刷公司竟連裝訂也做不好……。
我去買杯咖啡
嗯？
有電話
2万円台
啊～月野先生，感謝您平日的照顧！
刷元兄！
電學堂總公司大樓
麻耶的寫真集確定要再版了！
!!
ドン
※咚！

※書籍、雜誌的最後等，記載作者、發行日期、刷數、出版社、印刷、裝訂廠等資訊的部分。

刷元以前負責的國民偶像桃井麻耶的寫真集※空前暢銷，至今依然不斷再版。
是誤植！
下巴上的痣是麻耶的賣點耶……居然消失了～！
這……這什麼啊?!
全是紅字啊!!
桃井麻耶寫真集發售
人山人海
再版只需用同樣的檔案下版印刷，風險極少，對印刷業務來說也是非常可喜的事！
刷元！又要再版嗎！
幹得好！刷元前輩！
真的，麻耶寫真集那次什麼狀況都有！哈哈哈！
這個月又達成業績了!!
這本寫真集……
不但把業界第一的帝王印刷也捲進來，導至不只刷元，甚至是整個那美印刷都走向最大的危機……
不過那是在這之後的事了……
TEIO

※哇——！

※轟隆隆隆隆

※請參照前作《印刷業崩潰日記》P81～。

印刷經驗談

37年的編輯生涯中只有過一次丟失信用的經驗……。好像是入行第三年吧。在做講談社的《PENTHOUSE》時，進稿前最後一刻才把某插畫家的名字以「照相排版」方式貼在排版紙上、校對完畢……，不料黏得不夠牢，在送廠的過程中剝落，就這樣印製成書。我面色慘白地一個勁兒道歉。（投稿者：石黑謙吾）

再版～～♪

印刷小知識

照相排版（照排）隨著平版印刷（P113）的擴大使用而登場，不用活字也能印刷的時代到來。照相排版公司的寫研和森澤崛起，但Adobe系統公司的軟體讓桌上排版系統逐漸普及後，照相排版也漸漸走入歷史。現在森澤已轉型為字型供應商，但原本是照相排版公司！

月底，刷元被財務部叫去數落一頓。
刷元！
大聲
計程車費太多了！我已經說過黃瀨了，卻絲毫沒有改善！
黃瀨部長
那美印刷總務、財務部部長
綠林真澄
對…對不起，最近接連出包……
半夜才回家…
你一年到頭都在出包吧！
下一個！安藤！這張收據！「絢美小吃店」是什麼?!
啪
呃…那是和客戶……
無力
消沉～
……
大家面對綠林部長好像都矮了一截。
刷元前輩!!
喔，真紫啊。
嗯……畢竟是穩穩扛起我們公司財務的人啊……。
總務、財務
噠噠噠噠…

順便告訴你，綠林部長是社長在帝王印刷時期的同梯，社長確定繼承那美印刷時把她挖角過來。
那美社長（40）
妳來我這邊幫我
那當然！沒問題！
綠林（40）
什麼？我們社長待過帝王印刷？
綠林部長也是!!
是啊，學技術！哎呀，在這一行這種事很常見。而且最重要的是，綠林部長和社長…
噠！
刷元前輩！不得了啦！
請快點過來!!
……
……

※青天霹靂

我正在檢查明天要交貨的騎馬釘手冊樣本…
4F 業務部
喉紋※!!
ドーン
皺〜〜〜
皺〜〜〜
打開
這……這是?!

※日本的印刷用語中，「Nodo（喉）」指的是裝訂邊。

印刷小知識

目前膠卷底片已停產。現在都是由組版用檔案直接輸出印刷版，所以幾乎不再輸出製版用底片。順帶提一下，唯有單色平塗的部分可以做底片修正，有網點的地方無法修正。此外，修正好的底片會曬「藍圖」以供校對。好懷念，懷念到要掉眼淚……。

印刷小知識

數位相機尚未問世的時代，印刷公司會將照片掃描下來，將影像分解成CMYK的圖檔。當時用的是滾筒式掃描器，把照片貼在滾筒上邊滾動邊照射光源同時進行分色，和像影印機那樣把照片放在平台上進行分色的平台式掃描器。現在只要拍攝就能轉成圖檔了！

我來解釋一下。「喉紋」指的是摺紙加工時，裝訂邊沒有摺到底，以致書帖的摺線處出現波浪狀的皺摺。
喉紋
用影印紙摺摺看也許比較容易理解!!
摺直角（對摺）
開口
裝訂邊
喉紋
喉紋
開口
摺線側
這是因為紙張本身的條件如厚度等所引發的問題，不論是輪轉機的摺紙功能或摺紙機都會發生！
順便說一下，輪轉機會在書帖的摺線處加上針孔線，摺的時候放掉施加在紙張上的壓力，使紙張恢復平整，減少皺摺。
摺直角（對摺）
開口
裝訂邊
加上針孔線
開口
摺線側
摺的時候藉由針孔放掉施加在紙張上的壓力
這次是平張機、騎馬釘，所以沒有加上針孔線。
此外平張機也是，如果是破脊膠裝和無線膠裝會在背脊部分加上針孔線，減少皺摺。
這非得檢查商品了啊……
解決方法是針孔線啊～
低落～～
沖田……，綠林部長找你。
好的！收到！
課長八成也被綠林部長電得很慘……。
3F總務部
好好看喔～
綠林部長，那條絲巾真漂亮！

真的？謝謝！
哎呀，這是「皺紋對策」！因為脖子會透露人的年齡。
バアアアン
妳們再過不久就能體會了。
哈哈哈哈！是這樣啊～
皺紋……
沙
是喉紋嗎!!
綠林部長，對付喉紋，加上針孔線就行囉！
啵！
※登登登登～
加上針孔線，這樣放掉壓力就不會產生變形……
喂！沖田……
……
震顫震顫震顫
加針孔線
脖子上…
啊？
沖田！你的意思是要我去整型嗎?!你這個月的費用，全部不准!!
欸～?!哪有這樣～您饒了我吧～
綠林真澄，總務、財務部部長。工作場合使用原來的姓氏，她的真名是那美真澄……，也就是那美丁介社長的妻子。
那美印刷公司

印刷川柳

別產生耗損　哎呀呀「快繼續做！」

（黃金虫）

純白

哇——！！
到了！！
……
雪好亮喔～～
純白一片，
真美耶～
沙沙
沙沙
沙沙
真的是snow white。
喃喃
！
snow white是顏色的名稱，
也是一種紙張…
呼——呼——
走吧，美羽，
我們去買纜車票。
好！

雪

只要下雪，
靜
靜
靜
靜
狗便會興奮地
在院子跑來跑去。
汪
汪
貓則在暖桌下
蜷縮成一團。
然而
印刷公司員工
咦—?!
下雪
要交通
管制?!
因為交貨
出狀況
而面色發白。
傻眼～

※沉～～重～～
某日在那美印刷，不知道出了什麼包的刷元向黃瀨部長報告情況。
ずううううううん
怎……怎麼會發生這種事！
※登楞
好像是這位女星最近胖很多，被媒體說成「劣化」才會更加震怒……。
ドオン
Special Interview
日本代表性
太女優
NAHOMI
女優生涯的原點
「大女優」變成「太女優」※……
這當然會生氣……
※「太」在日語中表示胖的意思。
一個星期前
哈～～啾！
SHAREOTSU DESIG
啊～，真受不了，花粉症太痛苦了！
擤～
剩下的就是把文字轉外框，校對完存檔就完成了！
好想回家～
卡嚓
啊……又來了……
癢…
HANARICH

印刷小知識

現在的高畫質噴墨印刷機性能相當優異，而且能降低成本、縮短交貨期。如今印刷業界除了性質特殊、尺寸或重量等無法處理的印刷品，多半都改用噴墨打印校樣。順帶說一下，富士軟片生產的「Jet Press」和「PRIMOJET」兩款數位噴墨印刷機很有名。

崩塌～
驚嚇
卡嚓
撞！
哈——
啾～～～!!
高桐先生！刷元先生來囉！
您好～
戴口罩啦……
啊——，文件堆倒了～
啊～，怎麼來了！我還沒檢查耶，不過算了！
慌慌張張
來了！我現在就準備，請稍等我一下！
好!!
您慢慢來沒關係～
回到現在……
詳細原因尚未查明，但因為是完整檔※進稿，恐怕是設計師的……
不過…話說回來我們這邊也沒發現檔案有問題……
你說的設計師，好像是……
高桐先生……
哎呀～

印刷川柳

想不到 色彩樣本竟是 iPad

（水珠子）

※已嵌入影像、文字轉外框等，以完整狀態交給印刷公司進稿的檔案。

印刷小知識

出版和廣告業界把印刷用檔案由製作單位交給印刷單位叫做「下版」，但在新聞業界叫做「降版」，並具體地管理降版時間到「〇點〇分」，具體到幾點幾分……！不知道赤羽先生會不會罵人「下版晚了2分鐘」啊……。好可怕！

我來解釋一下。經過轉外框處理的文字已變成圖形，利用選取路徑的方式可改變其外形。
轉外框
大女優⇦大女優
咻哈~~！
卡嚓
選取
太
變形
太
拉長~
登楞
太女優
高桐打噴嚏所引發的震動湊巧壓到滑鼠選取了文字的路徑，奇蹟似地改變了外形，這就是這次事件的真相！
這麼說責任不在我們這邊吧？
飄飄~
瞪
是的……話雖如此，但可能要全部重印……
消沉~~~
這種情況，那美印刷的營業額會因為重印而增加。
唔咱
不過，沒有一位印刷公司的員工會真心為此感到高興。
算…算了。不過這下子就達成這個月的部門預算了！
呵…呵呵呵…
高桐先生…不要緊吧？
哈哈哈
原因到底是什麼……
下次可能輪到我們…
抖抖抖
這時候
匡
隆隆隆隆隆隆
TEIO

社長室
PRESIDENT
這是怎麼回事？
是是……
轟嗡嗡嗡嗡
MAYA×2
瘋狂大賣的那本麻耶寫真集……
好像不是我們印的……
負責電學堂的業務有接洽過……聽說最後在多家報價下，決定給其他公司……。
看來心情不好……
是哪一家？
難道社長是麻耶粉?!
好…好像是那美印刷……。
那美？
驚訝
丁介的公司啊……
咚
帝王印刷公司
董事長兼社長
壇 金太

轟轟轟…
在…在生氣……
丁介……

印刷經驗談

工廠的大叔氣勢洶洶地說：「唯獨胸部的顏色絕對不會輸給對手的印刷公司！」（投稿者：編輯 吉岡）

呃——，那麼現在就開始進行董事例會。
轟隆隆隆隆……
TEIO
首先是印刷事業利益率降低的問題……
唰
目前我們帝王印刷的印刷事業營業額約占整體的一半，但考慮到近來紙張價格和人事費高漲等因素，是否需要趕緊採取對策……
……
既然預估今後印刷相關事業的業績不會成長，作為董事……
……
喂，丁介！
印行不是改了嗎！
磅
啊～金太，歹勢、歹勢！我馬上調出正片叫人修改網片！
呵呵呵
帝王印刷公司 業務
那美丁介（27歲）
※日文中印行與淫行、網片（strip）與脫衣舞發音相似。
帝王印刷公司 業務
壇 金太（27歲）
喂！你們兩個！大白天的什麼「淫行」又是「脫衣舞」的……在胡說什麼啊！
真是的！受不了～
帝王印刷公司 總務部
綠林真澄（26歲）

笨蛋！綠林，這兩個都是印刷用語！
好囉嗦!!
我們畢竟是印刷公司，總務部也要有這點起碼的常識！
我來解釋一下。「印行」指的是印在封底等處，供人辨識該印刷品的印刷日期、地點等資訊的一串數字、記號。
印行
不是淫行！
封底
表示2019年3月經過修訂的意思
201903修訂
經常修訂增印的公司簡介和各種規約等
為防止用舊的版本或檔案印刷而印上的文字
而「strip」※指的是類比時代直接貼在製版網片（正片）上做修正的透明片。
網片strip
不是那個strip！
製版網片
「クルマ」修正成「車」
刮除K版網片表面
把網片貼在K版網片表面
比重出印版的花費更低！
C版
M版
Y版
K版
クルマ
刮
刮
K版
車
網片
貼
車
K版
呃，鑑於以上所述，請擅社長就本公司今後的方針發表談話。
勞煩社長。
TEIO
唔嗯。
唧
咿

※可參照前作《印刷業崩潰日記》的P71。

墨賀先生～。
帝王印刷來電索取「山田西服」宣傳冊的下版檔案，可以先趕給我嗎？
「下版檔案」指的是印刷用的檔案，再版和修訂增印時也需要用到。
嗯？又是下版檔案……？
欸？又是？
※不寒而慄…
閃亮
光是今天就有超過20件要求拿回下版檔案的……真是的！在這麼忙的時候……
ぞくっ…
發…發光了……
這麼多……
墨賀先生！你知道其他還有哪些客戶嗎？

印刷小知識

活字印刷為複製母版所使用的紙製模具稱作「紙型」。以前的活字印刷現場遇到紙型沒送到無法印刷等的情況，像傳奇人物赤羽這樣的資深老手一定會吼來吼去：「喂！紙型還沒好嗎？動作不快一點就處你死刑！」吧！（日文中紙型和死刑的念法相同）

※咚！
今後要積極爭取其他印刷公司的案子！同時，我們帝王印刷的印刷事業要全面自製化！換言之……
帝王魂
禁止將印刷業務外包!!
刷元……這是怎麼回事？
咦?!
噠噠噠
要求拿回下版檔案的客戶全是……
※不寒而慄…
帝王印刷！
刷元有種不祥的預感……
不好意思，傳單的下版檔案…

印刷川柳

黑一旦去黑　有字的地方　便無黑色

（yamo）

※按字面直譯即「去黑」，印刷中指的是將文字等覆蓋的所有背景顏色挖除，會讓文字或標誌的黑色更清晰。

印刷小知識

印刷的「印」就是印鑑的印。印版的樣式有凸版、凹版、平版、孔版四種。活字印刷為凸版，膠印為平版，照相印刷是凹版，絹印是孔版。紙、布、物體等不同材質的印刷物，其最適合的印刷方式也不一樣。

帝王印刷壇社長的印刷事業「全面自製化」宣言，瞬間震撼印刷業界！數日後，那美印刷相繼接到帝王印刷取消包案的通知。
……
……
是嗎……
好……好的，我知道了。
又是帝王打來取消包案？
看那樣子
嗯……得向課長報告才行……
咻
是受到帝王印刷自製化宣言的影響對吧……？
可是帝王印刷再怎麼大，我們畢竟也是印刷公司，會受到這麼大的影響嗎？
嗯，因為像我們這樣的中小型印刷公司，「同業外包」占業績很大的比例……
這個月的業績不妙……
同業外包？

我來解釋一下。印刷公司對印刷公司發包業務稱作「同業外包」，這種情況非常普遍。
同業外包
山田家具
A公司→1～2台
B公司→3～4台
A 1台 2台
B 3台 4台
型錄發包
印刷機全滿～
發包
請交給我們
印刷公司A
印刷公司B
全國發放的傳單，每個地區承印的公司都不一樣，即使是同樣的型錄，也可能依台數由不同公司承印。
順便說一下，日本國內印刷相關事業據說有兩萬家以上，其中員工數在1到50人左右的事業單位占九成以上。
印刷事業單位規模別比率
100人以上 約1%
50～99人 約3%
員工數1～49人 約96%
出處／經濟產業省［平成25年度工業統計表 產業篇］
像帝王印刷那樣的大企業只有寥寥幾間啊。
100人以上的印刷公司就這些？
※不寒而慄
ぞおおおお
話說回來，我們承包了不少帝王印刷的工作，可能不太妙……
啊～
怎麼辦～
哈哈哈哈哈！刷元！你那樣愁容滿面也改變不了任何事！

印刷川柳

今天內要！估價需求來時　下班時間已過

（長谷川貴彥）

印刷小知識

所謂的平版印刷是先讓油墨從印版轉移到橡膠滾筒（off），再從橡膠滾筒轉移到印刷用紙（set）上，因而被取名為「offset」。由於印版不會直接接接觸到紙張，不易受損，所以適合大量印刷。順帶說一下，平版印刷是在大正時期傳入日本。

嗒！
社長!!
那美印刷公司
董事長兼社長
那美丁介
帝王的問題不是你們想怎麼樣就能解決的。你們現在只要認真做好帝王以外的工作就行了。
是……是！
……好久沒看到社長了。
好了，別在公司裡嘟嘟嚷嚷了，業務就是要出去外面跑！
啪
啪
躁動
啊！社長!!
啊！
對了！要去電學堂開定期刊物的會議！沖田、真紫！動作快！社長抱歉！失陪了！
咦～！你忘了嗎？真是的！
哈哈哈哈哈，快快快！
等我一下啦～～
快點～～
……

不過，刷元等人在電學堂總公司卻聽到讓他們不敢置信的消息！
騷動
什麼？月野先生……你剛才說什麼？
GUEST
對不起……山田百貨公司中元商品目錄，我原本想照舊麻煩你們……可是上面的人指示下來……決定交給其他公司做……
該不會是帝王印刷？
……
刷元兄，接下來的話請當我在自言自語。
※顫慄
ぞおおお
上面的人要我把發給貴公司的案子轉給帝王做！……貴公司是不是幹了什麼事？
被帝王盯上的那美印刷究竟將何去何從?!
帝王是在針對我們？
為什麼？

印刷經驗談

下版前一天進稿，不料落版和頁數有出入。負責人當時在國外出差。好不容易聯絡到人，確認過後，指示要改變封面的背脊寬度。我半夜修改，不料下版當天接到製作方通知要更換紙張，又改回原來的寬度……。倒退兩格……。（投稿者：シ）

電學堂總公司
一樓大廳
哎呀，這不是刷元先生嗎？
接踵而來
你好～你好～
要笑不笑
大……大手賀先生！
帝王印刷公司 業務
大手賀勝男
好久不見耶！近來可好？還是常常在半夜裡下版嗎？呼呵呵呵呵。
呵呵呵……
好奇怪的笑法。
哎唷？這兩位是？
之前沒見過嗎？
沙
喔，不好意思！容我介紹一下。
你好！我是帝王印刷資訊對策事業本部創意&印刷事業部第15業務局、第4業務部第1小組第3課的……
部門名稱好長！
大企業的部門名稱往往很長……

印刷小知識

經過轉外框處理的字型，錨點（路徑上作用有如關節的點）的位置和數量因字型而異。此外，即使字型的名稱相同，但外形似乎因版本不同而有些差異。有關字型的事真的要小心（沒在開玩笑）。

你好！我是那美印刷業務部1課的真紫。
沙
我們的好短！
……
對了，刷元先生，不好意思呢，中元商品目錄的事，電學堂無論如何就是要我們接，我心裡也不好受啊…
盯
喔…這樣啊。
虛情假意的傢伙！真氣人！
不爽
可是，我相信這下子客戶和電學堂就不用擔心了。畢竟比起小印刷廠，交給我們帝王，各方面還是比較放心。況且品質也一定會提升吧。呼呵呵呵、呼呵呵呵！
抓狂
說……說什麼?! 明明是你們硬搶生意！

印刷川柳

無論是原稿　還是收支薄　淨是赤字

（Sasasasa）

印刷小知識

無線膠裝遇到封面裡或封底裡跨頁的情況「部分重疊」尤其重要。因為裝訂邊有時會因封面和內頁黏著而無法看清楚。這件事意外地很多人不知道，自己在做某型錄時也曾因為忘了這點而挨一頓大罵。各位印刷男孩&女孩們，千萬要留意！

沖田！
不要激動
咬牙切齒…
呼呵呵呵、呼呵呵呵！年輕人很帶勁呢！
那麼，我們待會兒有中元商品目錄的會要開，失陪了。
噠
另外，刷元先生。
止步
!?
你們下包廠商乖乖聽帝王的做事就行了！
悄聲
呼呵呵呵....

請等一下！
吳間先生！
總之這次決定交給其他公司做，就這樣！
在那之後，情況更加惡化……。那美印刷的營業額也跟著銳減。
真傷腦筋
唔～～
業績表
……
……
然而幾天後事態突然有了新的發展……。
喂！這是哪門子色校？完全不能接受！
啪！
把月野找來！
因為這號人物登場！
咚！
是…好的!!
馬…馬上就去！

印刷川柳

到了最後校對 才首次登場的 大人物

（奈良裕己）

帝王印刷東京多摩印刷廠針對客戶舉辦工廠參訪活動。
TEIO
帝王印刷株式会社 多摩工場
呼呵呵呵！來吧，各位，這邊請！
這間多摩工廠引進最新的AI技術……
從紙張的搬運、印刷的色彩調整到書帖印好後的搬運，全都在IT環境下運用、管理。
利用最新的人工智慧技術，完全按照檔案內容印刷！人為失誤幾近於零！
※登！
帝王印刷才是能確實且安全地滿足各位要求的公司！
某某地方的小工廠根本不能比！呼呵呵呵！
窸窣
好厲害
噢~

印刷小知識

有種裝訂法比無線膠裝更耐操，而且可讓書本平整地攤開。那就是「PUR膠裝」！即使用PUR熱熔膠取代膠水的裝訂法（過去的無線膠裝使用的黏著劑為EVA熱熔膠）。展開性良好，可以漂亮地呈現跨頁設計，不用擔心！

同時
咚!
月野!這跟我想像的完全不一樣!到底怎麼回事?
對不起,我馬上重出……
GOKO
欸,今天只有你一個?每次那個橢圓形的小子沒來嗎?
橢圓形的小子
噢,呃……其實這次不是找那美印刷……
呵呵呵呵
不,我們是照檔案印的,現在跟我說和GOKO小姐想像的不一樣我也沒辦法!什麼?待會兒?那可沒辦法。我要接待工廠參訪團,很抱歉,再見。
……
月野,你給我說清楚!到底發生什麼事!

印刷經驗談

設計師戴著太陽眼鏡在一校上批註「太暗,亮一點」。我心想這樣不對吧,但依然帶回製版廠,隔天提出二校,設計師這回摘下太陽眼鏡,看看二校說:「嗯,很好」結束校對。那是什麼太陽眼鏡啊?(投稿者:Shin)

印刷小知識

網點指的是用以表現印刷品色調的細微小點，利用點的大小表現顏色的濃淡。那濃淡叫做「漸層」。此外，表示網點大小和粗細的單位是線數，愈細則畫質愈高。色調複雜微妙的印刷品，如照片等，要用各種大小粗細的網點組合起來表現。

咦——！哪有這樣！
那美印
啊！等等！喂？喂喂喂～
別掛斷啊～
刷元前輩，帝王又要什麼賤招嗎？
不……是紙張的代理商打來的，說因為全國性的紙張不足，調不到我們要的銅版紙……
真是禍不單行！
啊?!
我來解釋一下。接二連三的震災和數位化導致紙張需求減少，加上重油、木材等原、燃料價格和物流費的高漲等，使得造紙公司宣布調漲紙張價格並縮減產能。結果就是全國性的紙張不足，其影響直接衝擊到印刷公司。
紙張需求減少
災害
原、燃料價格上漲
物流費上漲
造紙公司
天哪～受不了了～
漲價&減少產量
扎
缺紙
紙價好貴！

工作就已經變少了，如果再缺紙，連這為數不多的工作都沒辦法接了不是嗎！
氣噗噗
不過如果是這樣，帝王印刷應該也面臨同樣的狀況……
不，帝王有巨大的儲備倉庫，暫時應該會以不調價來因應。
バァァァァン
好狡猾！
※登登登登～
嗯？
滋滋滋
好。
真紫老弟，我們去吃中飯吧！
是不是該換工作了……
您好，我是刷元，謝謝您的關照。
這通電話是電學堂的月野打來的，要請刷元走一趟。
明天嗎？我知道了。
從今天起改吃湯麵吧……

印刷川柳

重印啊　啊～重印重印　重印啊

（ozawa）

嘎——
啊——
嘎——
啊——
不好意思，勞煩兩位專程跑一趟。是這樣的，之前，也是因為我們高層的意思，我把GOKO小姐新作的文宣印製工作……
……
氣得發抖
刷元接到電學堂月野的電話，被找來GOKO的公司。
改發給帝王印刷……可是GOKO小姐……那個、這個……
瞄
Goko
……
呼呵呵呵呵。
那顏色完全不行！
瞪
瞪
呵……?!
再說啊，明明知道我要看色校，事先沒有任何說明就直接出噴墨樣我可是再也忍不下去了！
那……那真過分呢！
沖田、噓～
真、真是抱歉…
才一校而已，哪有什麼忍不忍……

印刷小知識

電視、電腦和智慧型手機的螢幕都是以RGB（光的三原色）的模式表現色彩。印刷基本上都是四色油墨的CMYK模式。RGB三色全都100%的話會變成白色，CMYK四色全100%的話則變成黑色（四色填滿）。啊，四色填滿是意外發生的根源，別再這樣設定了！

我來解釋一下。
近來，利用性能有長足進步的高畫質噴墨印刷機出校樣的情況逐漸增多，
帝王印刷也推薦客戶用他們與廠商共同開發的高畫質輸出機「TEIO-JET」出校樣。
TEIO-JET
TEIO
低成本
低耗時
●色差少
●能再現網點，因此可檢查有無錯網
●適合小批量的印刷
●可選擇紙張，如銅版紙、雪銅紙等
是喔～
由於色彩再現力高，有愈來愈多人選擇用它取代模擬打樣，而不僅是簡易打樣。
可……可是，我們帝王印刷的噴墨印刷機可是業界第一的……
閉嘴！那種事跟我無關！
怒吼
嚇！
!!
驚！
我才不管你是帝王還是那美，那不重要！我只想把工作交給在專業上能讓我心服口服的人！
要決定GOKO的工作伙伴就要看看你們哪一邊適合……
……
所以要做個測試……
咕嘟

印刷小知識

校對、校閱人員的指摘（疑問）內容是用鉛筆書寫，不是紅筆。因為那充其量只是提出疑問：「這樣沒問題嗎？」而非指示人要怎麼修改。負責的編輯拿到後會用紅筆圈起要修正的地方或是修正。這些疑問不知救了我多少次。本書八成也會有滿滿的疑問……（目前執筆中）。

印刷小知識

各位知道世界上有長寬各0.75mm的書嗎？它又稱微型書，目前在東京文京區水道的印刷博物館展示中。微型書是應用製造有價證券和IC晶片等的電路板的超微細印刷技術印製而成。話說回來，長寬各0.75mm的書……應該沒辦法閱讀吧！

我要請你們進行一場品質較量！
咚！
!!
然後，我會把公司今年所有的印刷案交給獲勝的一方印製！
呼呵呵呵…
那天晚上
歡迎光臨——
好懷念啊，金太，我們以前經常來這家店喝酒吧。
吵吵鬧鬧
吵吵鬧鬧
你找我來這裡難道是為了敘舊？我很忙的。
鏘鏘
啊哈哈哈哈
失陪了。
真假啊——
哈哈哈
哎呀，有何不可？坐下吧。
啊哈哈哈
給我一杯生啤
好的～
哈哈哈哈
丁介，
吵吵鬧鬧

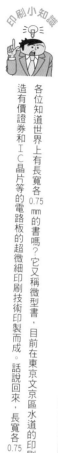

印刷川柳

是以拉！解壓縮後 是Word喔！

（ECO-SCRATCH的DG）

我已經不是當年的我了。帝王印刷的最高領導人怎能悠哉地在這種地方喝酒。
唰
我們一起把帝王打造成日本第一的印刷公司吧！
啊？丁介……你說辭職是什麼意思？騙人的吧？
……
小綠……連妳也……
……
……
丁介……我不會手下留情的。
沙
好唷—
我要烏龍茶兌酒!!
沙
哇哈哈哈哈
真的假的—
……
這時候
刷元前輩！放心吧！我們有魔術師，還有傳奇人物！
打起精神來呀!!
不……要論印刷品質之前，我們根本……
叫不到紙啊！
啊！對喔！
轉身
目前紙張供應嚴重不足。

金太多付了……
只是一杯啤酒而已……

電力耗盡

嗡
嗡
嗡
嗡
嗡
……
好厲害！會自己回家。
工作中如果電力變少就會回家喔。
嗡嗡嗡嗡
嗯嗯～
真聰明啊！
跟某人完全不同呢。
哈……
嚇！
哈——啾～！

心怦怦跳

由於天氣回暖開始跑步。
喘
喘
喘
噠噠噠—
我回來了～
嘎啦
回來啦。怎麼樣？感覺能持續嗎？
嗯……跑步時心臟一直怦怦跳，停不下來……
咦？怎麼會，你沒事吧？
不是啦，我想到星期一要處理客訴，心裡就很緊張……
噗通噗通噗通
……

印刷小知識

YUPO紙是用來印製選舉海報和選票的紙張。YUPO紙的種類眾多，選舉海報採用的是經過背膠處理的YUPO TACK原紙，選票採用的是BP Coat。據說，因為用YUPO紙印製選票，就算摺疊起來也會自動展開，使得現在開票變得更方便，可以當天開票。

TEIO
是，沒錯！請把所有紙張全先扣著！
……
……
不管怎樣，大手賀先生都做得太絕了吧？
呼呵呵，你放心。
很快就會用上的～
大概是沒能接到那本瘋狂大賣的麻耶寫真集讓他在公司的評價一落千丈吧……才會視那美印刷為眼中釘。
另一方面。
什麼！全都不剩！
還是不行嗎……
竟然說1連※都不剩……
消沉～～

※日本的紙張計算單位，1連為1000張。台灣的計算單位是令，1令為500張。

我來解釋一下。
「連」指的是1000張被裁成規定大小的紙張，
1連紙張的重量叫做「連量」。
另外，表示紙張重量的用語還有「坪量」，
代表1張紙每平方公尺的重量。
連量（kg）
1000張
=
1連的重量
（用kg表示）
此外，
紙張費用以每公斤的單價計算。
計算公式是……
所需張數÷1000（張）×連量×單價
（例）
10000張單價130日圓／kg、
90kg四六版紙張的價格為……
10000÷1000×90×130＝
11萬7000日圓
坪量（g/m²）
1張紙
每1m²的
重量（g）
用g/m²
表示
比如：A4大小的傳單
1張的重量是……
0.297（m）×0.210（m）×坪量＝
1份的重量（g）
設定捆包份數和安排貨車運送時
需要知道每1份的重多少克
（例）
如果1000份一包
重量剛好的話
需要3輛
4噸的卡車
刷元，
我們需要多少紙？
什麼時候要？
沙
課長
15連……
輕推
H1 進稿檔案
來，這是兩份一模一樣的新作宣傳手冊封面資料，
我對色調的要求都寫在上面！
バァァァン
你們各自去校正影像或什麼的，
下星期一再拿預印給我看！
當然，
我會付那部分的費用！
!!
不趕緊的話就糟了……
今天星期三
是……是！

※登登登登登～

印刷經驗談

某公共電台發行的雜誌單色校樣上印了一個不知道是誰的手印，大夥於是嚷嚷著說那是靈異照片。害怕歸害怕，但那超出我的權責範圍，我也無能為力，只好原封不動地出校樣，請求指示，沒想到回來的校樣上正經八百地寫著「多一隻手，去掉」。我利用修圖輕易地把手去掉。一校跑出來嚇人也沒用。（投稿者：noshin）

能不能把紙張的事告訴GOKO小姐，請她稍微延長期限呢？
我如果那樣說，她八成會……
大發雷霆
連紙張都叫不到的印刷公司稱得上專業嗎？自己去想辦法！
抖抖抖抖
的……的確是。
不過那是最後手段……還是得持續張羅紙張，同時進稿製版才行。
噠噠噠
製版部
刷元……這要求是怎麼回事……
……
這樣是要怎麼修改啦……
閃亮—
啪沙！
東北山區某印刷公司
哎呀，真是幫了我大忙！
戸亜流印

印刷小知識

凡是職場人都會隨身攜帶的印刷品「名刺」（名片），其名稱源自中國。東漢時代，人們去別人家拜訪時會拿一塊竹片或木片在上面刻自己的名字，稱為「刺」，後來便把這類像是名牌的東西稱為「名刺」。一般的情況稱「名紙」確實也挺不錯。交換名片後的閒聊可以講這個！

對方的要求真是不合理，傷腦筋。謝謝你一直以來的幫忙！真是的～！為了帝王的自製化，最近工作就已經少很多了說～
地方名流
嗯～，要再多一點這種被打中的感覺？就是鮮嫩感※啦！突然啪地一下過來，但又很柔和……
月底前請把酬勞匯進帳戶。
碰！
CMYK
噢……好的！
如果能便宜一點就好了～
啊！
說到帝王，你的老東家好像遇到很大的危機，不要緊吧？
驚！
這話是什麼意思？社長……
發生什麼事了？
咦？你沒聽說嗎？
CMYK
嘰哩呱啦
嘰哩呱啦

※原文為sizzle感，表現如水滴附著在杯子上這種鮮嫩、多汁的感覺。

印刷川柳

御盆截稿　拜託不要來　返祖現象

（野津亭）

※在印刷業界指的是檔案回復到修改前的狀態。

辛苦了～！
休息一下吃點東西吧。
嗯～ㄋ～Q！
那美印刷製版部根據GOKO對色調的要求做影像處理，一直作業到深夜。
這部分要是修得太過……就說這邊要……
碎念
碎念
碎念
墨賀先生，情況如何？
我還是覺得很不樂觀。
畢竟還有這個……
受不了……
影像色調指示
這裡的顏色要超越現世!!
Goko
……
還在喝茶聊天？你們還真有閒情逸致。
沙
!!
挺身
挺身
驚

印刷小知識

「チラシ」（傳單）寫成漢字就是「散らし」。因為大量散布的關係而有這樣的稱呼。「Leaflet」指的是單張的印刷品，語源是葉子（leaf）。「Pamphlet」是將數頁紙張裝訂成冊，據說名稱來自十二世紀左右在歐洲大受歡迎的情詩〈Pamphilus〉。

印刷川柳

線也和人一樣　有表裡之分

（daichanZ!）

匠…
匠先生！
登登登登登登～
我有大致聽說了，色調指示給我看一下！
遞
是…是！
唔～，又要被罵了……
原來如此……墨賀、灰島，馬上準備！
是…是！
咦?!匠先生，這色調指示沒問題嗎？
GOKO五年前去紐西蘭旅行，她在去年出版的雜誌訪談中提到當時造訪的原始林景觀，讚賞那是「超越現實世界的色彩」。
連…連這種事都調查過了！
難道是GOKO粉？
GOKO
扭頭

印刷小知識

雖說紙張很薄，可是量一大當然會重。印刷品在交貨時會根據「坪量」算出該印刷品每一份的重量，然後決定捆包的份數。不知道「坪量」的話，1捆20公斤會變成像在練肌肉一樣，要小心。此外，廣告DM和封口信之類的是依重量計算運費，弄錯的話就糗大了……。

可是，到底要怎麼做出國外原始林景觀的顏色……？
放心吧！
咚！
色彩樣本就在這裡！
……
不是吧！你看印竟然看到國外去？
不，那次是度假。
震驚
啊，可是匠先生，就算製版很順利，事實上紙張……
行了，那件事我也安排好了。喂！墨賀、灰島，開工啦！
是！
咦？什麼意思？
隔天，那美印刷埼玉印刷廠
師父～！不得了了！

怎麼了？
紙張……接二連三送來了！
噠噠噠！
什麼?!
那美喲！雖然不多，但我把我們廠裡多的紙都載來了！
匠先生幫了我們許多忙，這回輪到我們幫人了！
噗隆隆隆隆…
就這樣，全國各地和流浪PD有交情的中小印刷公司接連將紙張送往那美印刷，很快就湊齊所需的15連紙張。
噗隆隆隆隆
噗隆隆隆
噗隆隆隆隆
哼！兔崽子多管什麼閒事……
不過，在那之後還有更大的危機等著那美印刷……
噗隆隆隆隆
咦？要收錢喔？
那當然!!
遞
請款單

印刷經驗談

印刷費的單價是以「錢」為單位計算，如「1張紙1色到底要數十錢～○圓○錢」等。剛進公司時看到前輩告訴客戶「我們會降○錢」或要求工廠「設法再少○錢」，我還以為回到江戶時代了！（投稿者：奈良裕己）

印刷小知識

印刷用紙基本上都是以1公斤的單價來計算。計算公式是：所需張數（張）÷1000（張）×連量（kg）×單價（日圓／kg）。比方說，1萬張四六版連量110公斤的紙張，假設單價為130日圓，就是10000÷1000×110×130＝14萬3000日圓。知道不吃虧！

接下來由負責的業務大手賀為各位說明。
※啪！
帝王魂
……因為這樣，我們藉由AI的分析，從GOKO的訪談文章聯想到紐西蘭的原始林。
於是在紐西蘭分公司的協助下，我們根據公司內部影像資料庫調出的圖片調整顏色，現在已進入印刷階段！
這是四色印刷所能做到最高品質的再現！我們帝王印刷絕對會贏得勝利！呼呵呵呵呵！
……
呃——，接著關於VR事業方面，請負責的……
同時
滋滋
您好，我是刷元。喔，是匠先生！印得怎麼樣了？
咦？
站起
好！我知道了！我會想辦法的，請繼續作業！
呼！

回到數十分鐘前，
那美印刷埼玉印刷廠
那美印
阿秀，原來你在這裡啊！
GOKO那個案子開始印了不是嗎？
沙
沙
後院吸菸區
哼！那兔崽子礙手礙腳的，我要休息！
吸——！
呵呵呵，明明就在抽匠送的電子菸。
匠那邊好像陷入苦戰！這會兒正需要你的幫助不是嗎？
混帳！誰要幫他！
你昏倒那次可是匠拔刀相助呀……。怪了？你那次是為什麼昏倒？啊！好像是宿醉……
好啦！知道了啦！
啪！
可惡！這樣不行！
……
好想趕快回家打電動。

印刷川柳

說交給我處理　事後卻　大發雷霆

（信濃之國5555）

印刷小知識

紙張的「連量」指的是1000張全開紙張的重量。如果是厚紙板或瓦楞紙，則是100張的重量。印刷公司就是以「連」為單位採購紙張。另外，紙張費用基本上是以1公斤的單價計算，但有些特殊紙張和厚紙之類的會以1包或是1張的單價計算。印刷品的報價如果很高，大部分原因都是出在紙張費用上。

C要再多一點才行！
……不過要是油墨太厚的話，很可能發生疊印不良！
疊印不良？
咦？你不知道嗎？
我來解釋一下。將油墨壓印到前一色印好的油墨上叫「疊印」；「疊印不良」則是先印刷的油墨太多等，使得後印刷的油墨轉移不完全的現象。
何謂疊印
<示意圖>
橡膠滾筒
油墨
紙
壓力滾筒
C太多使得M發生疊印不良
疊印不良
橡膠滾筒
壓力滾筒
反向疊印
油墨
橡膠滾筒
壓力滾筒
啊啊啊
疊印不良嚴重時，會發生先印刷的油墨被拔起的「反向疊印」問題！
可惡！這就是用四色重現色彩的極限嗎！
哼！不長進的傢伙！
啾！
!!
驚！

竟然大言不慚說自己是什麼印刷指導！原來不過如此！
老…老爸！
ドアアアアン
※登登登登～
囉…囉嗦！四色印刷就只能這樣！沒辦法再……
轉身
走掉
青島，我看看！
刷…刷…
哼！這確實已經是極限……
以四色來說的話！
驚
喂，青島！馬上打電話給刷元！
哼
是！
沙沙沙
於是新的一週開始，到了星期一預印審查當天！
呼哈～～

印刷經驗談

早晨夫妻間的對話。我：「今天可能也無法下版喔！」妻：「那會早一點回家是吧？」我：「嗯，應該趕得上末班車回家。」妻：「工作可以辭一辭了啦！」（投稿者：愚多先生）

印刷小知識

電車內的懸掛式廣告基本上都是兩張B3大小的海報橫向並排，或是一張橫邊長的海報。印刷和鐵路業界稱這種海報為「B3寬」。尺寸為兩張B3（縱364㎜×515㎜）橫向並排（縱364㎜×橫1030㎜）的大小。

「品質對決」當天，不僅印刷公司，製作公司、設計師、攝影師等參與這次新作的各家公司相關人員全部齊聚GOKO大樓！
咚！
GOKO
……
呼呵呵……
哼！想不到兩家公司的高層也會出席！
笑
看來事態相當嚴重！
呵呵呵呵呵
還不是因為妳提出的……
為…為什麼社長會在！
CMYK
那麼，為了讓事情早點結束，就先從我們的預印看起，可以嗎？
呼呵呵呵！我要在社長面前挽回先前沒搶到麻耶寫真集案子的名譽！
バサッ
請您過目！
GOKO
SUMMER
バァァン

※登登登～

※啪沙！

噢——！
……
好…好厲害！
咕嘟
做得挺不賴的嘛！
咧嘴
……
CMYK
不…不愧是帝王……做得好棒！
CONTENTS
1. Shoulder bag
2. Tote bag
呼呵呵呵呵！各位請看！這就是四色平版印刷可以做出的最高品質！
點頭
……

印刷川柳

情況嚴重！頭頂和印刷廠的紙 量都不足

（Sasasasasa）

印刷小知識

國家重要文化財等的VR化，或是近來我們在電視新聞中經常看到的虛擬實境（VR），其實那也是由印刷公司製作的！高精細的影像檔案和非常細緻的印刷色彩管理技術也被運用在虛擬實境上。漂亮！持續進化的印刷男孩！

呼呵呵！我說那美呀，沒有必要自取其辱了吧？現在就帶著那邊的預印離開如何？
……
轉頭
確實是不簡單！不過等你看過我們的預印再發出那噁心的笑聲吧！刷元，讓他們見識一下！
瞪
你說誰噁心?!
什…！
CMYK
咬牙切齒
是！請看這邊！
唰沙！
那一剎那
※震驚
室內的氣氛驟變！
GOKO
這…這是……
ぞくっ

咦？

這……
這是怎麼
回事?!

哼哼哼哼

印刷小知識

2020年奧林匹克運動會將在東京舉行，印刷男孩也有奧運喔！即國際技能競賽的「印刷職類」組。兩年舉辦一次的國際技能競賽，日本每次都有好成績。2019年8月，第45屆大賽在俄羅斯的喀山舉行，隸屬凸版印刷公司的日本代表選手漂亮奪得敢鬥獎！日本幹得好耶！

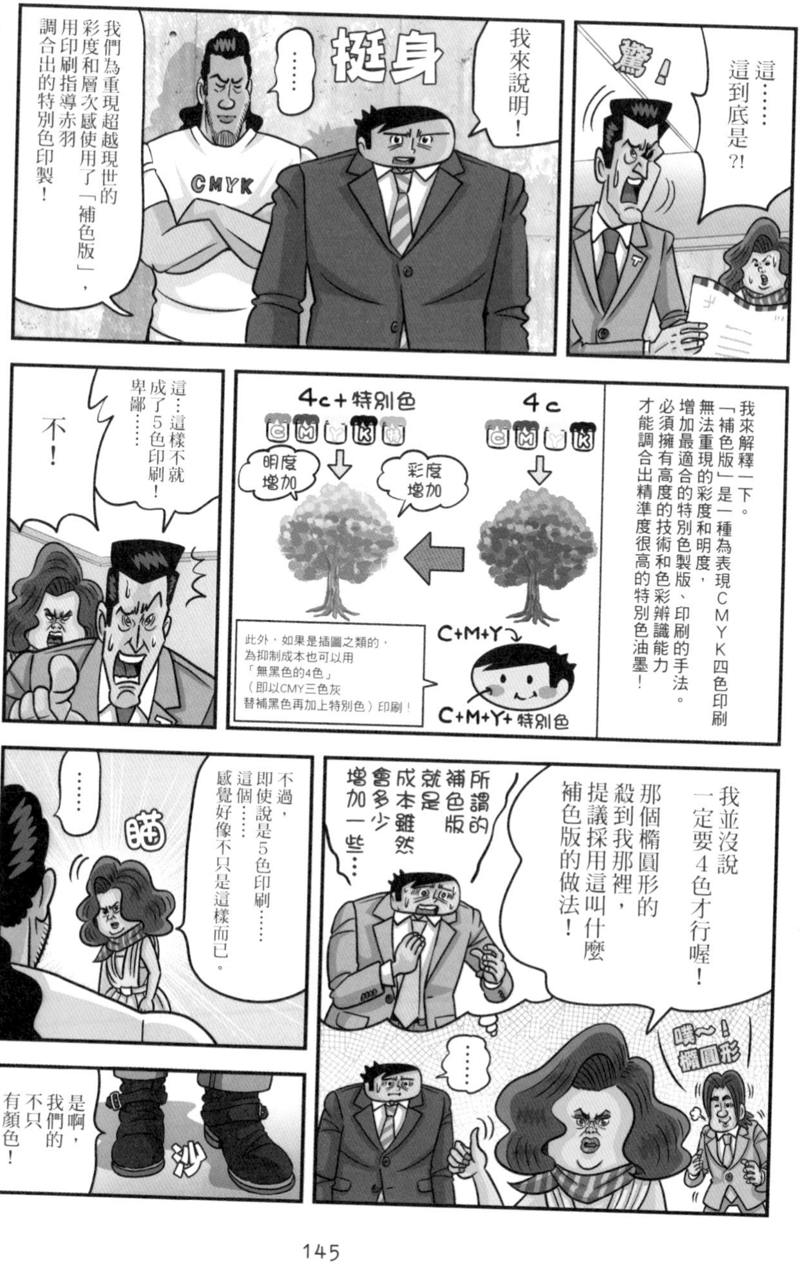
這……這到底是?!
驚！
我來說明！
挺身
……
我們為重現超越現世的彩度和層次感使用了「補色版」，用印刷指導赤羽調合出的特別色印製！
我來解釋一下。「補色版」是一種為表現CMYK四色印刷無法重現的彩度和明度，增加最適合的特別色製版、印刷的手法。必須擁有高度的技術和色彩辨識能力才能調合出精準度很高的特別色油墨！
4c
彩度增加
4c+特別色
明度增加
C+M+Y
C+M+Y+特別色
此外，如果是插圖之類的，為抑制成本也可以用「無黑色的4色」（即以CMY三色灰替補黑色再加上特別色）印刷！
這……這樣不就成了5色印刷！卑鄙……
不！
我並沒說一定要4色才行喔！
那個橢圓形的殺到我那裡，提議採用這叫什麼補色版的做法！
所謂的補色版就是成本雖然會多少增加一些……
……
噗～！橢圓形
不過，即使說是5色印刷……這個……感覺好像不只是這樣而已。
……
瞄
是啊，我們的不只有顏色！
沙

是特別色油墨中還混入香料的……
咚
香味印刷！
!!
CMYK
我來解釋一下。「香味印刷」是一種把香料混入油墨中再用來印刷，做出會釋放香氣的印刷品的印刷手法！
香味印刷
香氣
還有把內含香精的顯微調色膠囊混入油墨再用來印刷的印刷手法
香料
油墨
紙張
這次是使用特殊芳香成分的精油重現原始林中的負離子感！
手指一戳膠囊立刻破裂，釋放出香氣
這只是示意圖。實際上，顯微調色膠囊小到肉眼看不到
天…天哪……不只是顏色，還有香氣……
哼！
唧
唧
漂亮！超越了我的色彩樣本！
啪
可是根本就沒有色彩樣本吧……
OK! Good job!! Goko

印刷經驗談

菜鳥時期，在客戶的校閱室裡進行傳單印版的最終檢查時，曾大聲且多次把蟹肉棒念成「螃蟹的肉棒」。（投稿者：RKTR11）

印刷小知識

曾是印刷男孩的名人有GLAY的TAKURO和TERU，據說兩人剛上東京時曾在凸版印刷任職，並住在赤羽的宿舍。另外，岸部四郎（超老牌！）也是前印刷男孩！大柴亨的老家則是印刷公司！或許還有其他許多活躍在各個領域的前印刷男孩？各位如果發現了，請各訴我！

※太棒了～～

就這樣，那美印刷漂亮地贏得這場以兩家公司命運作賭注的印刷品質對決。
やった——っ
嗯！
匠！你辛苦了！
緊握
金太……
大手鉛先生……
請打起精神啊
回去吧。
是。
社長，我去開車！
嗯。
我們以前也是像那樣奮不顧身啊……
登登登登
用補色版！
香味印刷！
太棒了～
要回去了嗎？

丁介…小綠……
唷！
我…我……
怎麼樣？要不要去喝一杯？
走吧走吧
好久沒有三人到齊了。
金太！我會繼承家業，從外部支持帝王印刷！
阿金是會站上帝王印刷頂端的男人！
我……也許有點太逞強了……
呵呵
那我們去那家串燒店吧！
噢！好耶～！
啊～？你們都一把年紀了，難道就不知道其他更好的店？
那就去高級餐廳，讓帝王印刷請客！
混蛋！前幾天我不是付了一萬嗎！
我們沒有經費呀！那各付各的！
不過話說回來，刷元前輩，顏色和實物已經完全不……
噓——！
不能說出來！
印刷還真是深奧啊……
咦—！
好貴!!

印刷小知識

2019年京都大學的研究團隊發表「不使用油墨的印刷術」。即利用光的反射作用所產生的「結構色」的技術。就像豔金龜和孔雀的羽毛那樣，具有獨特光澤的結構色會隨著視角而變色。對環境友善又不會褪色，不論任何顏色都可以再現，是一種很厲害的技術！今後的發展令人期待！

黃金週的計畫

刷元前輩，黃金週要去哪裡玩嗎？
喔……嗯，不過只在附近而已。
是喔～～哪裡呀？
真好耶～
嗯～埼玉……
!!
你說的該不會是……
工廠？
沮喪～～
目前黃金週計畫只有去印刷廠看印的刷元……

令和元年

令和
新年號是令和。
……
五月起就是令和元年了啊。
欸？等一下！
驚
好麻煩……
意思就是，明年的一月不是令和元年的元旦，而是令和二年？
啊……有預感會誤植……
抖抖抖抖
…
碎念
明年是令和二年明年是令和二年
明年是令和二年明年是令和二年
碎念

今天是GOKO新作宣傳冊的下版日。
那美印刷公司
噠！
墨賀先生！拿到GOKO新作宣傳冊的責畢稿了！
噢～！終於拿到了！搞了好久……這次又出到五校！
哇——！
我還以為會這樣一直出校樣出一輩子呢……
就這樣，責畢、下版結束。
責畢
不過好險！跟帝王印刷發生那件事之後大量減少的工作也慢慢回籠了！
是啊！反而因為被業界稱為「有品質的那美印刷」，新客戶也增加了！
在休息室裡暫時休息

說到這，那之後我們和帝王的關係怎麼樣？
NAVI
TEIO
兩位社長本來就是好朋友，所以已重修舊好，好像甚至談到兩家公司要業務合作，成立新事業。
哇ー
請問…那匠先生呢……？
嗯，那次對決之後社長有勸他回公司……可是匠先生好像還是拒絕了。
不好意思，我還想多見識這個世界。
……
CMYK
這樣啊……
這時候他八成在某個地方浪遊吧～
可以的話真不想再見到他……
沙沙沙沙沙…
印刷指導啊～有朝一日我也……
隆隆隆隆‥

好了，下版結束，要回家嗎？還是偶爾我們三個也去喝一杯，如何？
匡咚！
好！
太好了～
謝謝，前輩請客！
敬禮
可是就在這時候…
噠噠噠噠噠
咦?!
!!
刷元啊～～

G
M
K

剛才下版的GOKO宣傳冊……
呼—呼—
呼—呼—
閃亮——
墨……墨賀先生！
呼呼呼—
……
小凜！
發……發亮了！
比平常重…
唉—
最近漸漸習慣了……
喂！怎麼了？
噠！
又出了什麼問題？
課…課長！部長！
刷元～怎麼你的工作總是……
對…對不起！
印刷男孩會死兩次可是必定三度復活！
喂，刷元，趕快過來！
喝酒呢？請客呢？
我猜一定沒了……

PRINTING BOYS

後記

「奈良先生！決定要出續集了！」

2019年春天，負責雜誌連載的山田佑樹先生傳來令人欣喜萬分的消息。

並且要感謝以松井謙介先生為首，包括負責單行本出版的正田省二先生、玉造優也先生等

學研PLUS的各位，以完善的體制全力投入製作。

這次也要感謝身兼製作、編輯的作家石黑謙吾先生，

也因為遇上可怕的「御盆截稿」，謝謝他溫柔且鉅細靡遺地指導創作遲遲沒有進展的我。

又酷又令人印象深刻的封面設計則出自川名潤先生之手，謝謝您。

為了欄外單元「印刷小知識」，我實地採訪了印刷博物館。

館方細心周到的應對和淺顯易懂的講解，

從饒富興味到令人驚訝的資訊，提供我許多寫作的材料！

真的非常感謝。

而透過推特投稿同屬欄外單元的

「印刷川柳」和「印刷經驗談」的朋友們，
托各位的福，完成這本內容充實的書，
謝謝大家！

還有我上班族時期的同事們，
謝謝你們平日來的支持。

此外還有負責印製、裝訂本書的凸版印刷的同仁們，
之後的事就交給你們了！拜託不要出包！

另外，刷元等人的故事仍然以《今天也沒辦法下版了！》的題名
繼續在GetNavi web上連載中，
倘若各位也能閱讀這邊的故事，我一定會非常高興。

最後，我要向總是為我加油打氣的讀者們……
不，是印刷男孩&女孩們，致上由衷的謝意。
真的很感謝你們！
今後請繼續多多指教！

〔協力〕

印刷博物館（川井昌太郎、宇田川龍馬）

佐近祐宏
長谷川 誠
北岡伸啓
藤田敦史
新 綾太
飯田智伸
飯田麻由美
新島信太郎
羽田野 龍
水野晃尚
伊藤嘉晃
吉光真由美
AKIKO

奈良裕己（BOMANGA）

漫畫家、插畫家

出生、現居於東京。曾於印刷公司、廣告製作公司擔任業務員，2012年自立門戶，成立專事插畫和漫畫製作的BOMANGA，之後便以插畫、漫畫的創作為中心。活躍於雜誌、書籍、網路、電視等許多領域的媒體。自2016年9月起，於「GetNavi web」上開始連載《今天也沒辦法下版了！》，2018年出版以連載為基礎的書籍《印刷業崩潰日記》（台灣東販）。本書為其續集。

【HP】http://www.bomanga.com/
【Instagram】@bomanga
【Twitter】@bomangamagazine
【Facebook】https://www.facebook.com/bomangajapan

國家圖書館出版品預行編目資料

印刷業抓狂日記：出錯才是日常?崩潰再升級!／奈良裕己著；鍾嘉惠譯. -- 初版. -- 臺北市：臺灣東販, 2020.04
160面；14.8×19公分
ISBN 978-986-511-304-9（平裝）

1.印刷業 2.漫畫

477　　109002455

STAFF
漫畫、文字：奈良裕己
製作人、構成、編輯：石黑謙吾
設計：川名潤
DTP：藤田ひかる（ユニオンワークス）
校正、校閱：小池晶子

印刷業抓狂日記：
出錯才是日常？崩潰再升級！

2020年4月1日初版第一刷發行

作　　者　奈良裕己（BOMANGA）
譯　　者　鍾嘉惠
編　　輯　曾羽辰
發 行 人　南部裕
發 行 所　台灣東販股份有限公司
＜地址＞台北市南京東路4段130號2F-1
＜電話＞(02)2577-8878
＜傳真＞(02)2577-8896
＜網址＞www.tohan.com.tw
郵撥帳號　1405049-4
法律顧問　蕭雄淋律師
總 經 銷　聯合發行股份有限公司
＜電話＞(02)2917-8022

印刷業抓狂
出錯才是日常？
PRINTING BOYS
CAN'T PRINT
TODAY
NEITHER.